DE LA VRAIE ET FAVLSE ASTROLOGIE CONTRE les Abuseurs de nostre Siecle.

Par R. P. F. I. Porth-æsius.

Cognois-tu l'ordre du Ciel, & mettras-tu la raison d'icelu[y] en la terre? *Iob*, 38. 33.

A POICTIERS,

Par Françoys le Paige, Im[pri]meur du Roy, demeurant pres S. Michel, Rue du Pont à Ioubert.

1579.

NOS infra ſcripti ſacræ Theologiæ , Doctores in alma Vniuerſitate Pictauen. vidimus, ac legimus Librum inſignis verbi Dei præconis R. P. F. I. Porth-æſij inſcriptum *De la vraye & faulſe Aſtrologie* : nihilque in eo inuenimus, quod fidei Chriſtianæ aduerſetur, Idib. Auguſt. 1578.

I. DV-VERGIER. Dec.

Fr. Fr. Paſquier. Fr. Moricet.

A TRES-CHRESTIEN ET AVTANT CATHOLIQVE PRINCE, LOYS De Bourbon, Duc de Montpensier, Pair de France, Gouuerneur de Bretaigne, &c.

COMME il eſt treſdangereux (Prince Treſ-chreſtien) eſtre obligé à aymer & ſeruir quelque grand & vicieux Satrape. Car on eſt expoſé à fauoriſer & pourſuyure ſes peruerſes entreprinſes. Ainſi eſt-ce vn grand don de Dieu eſtre redeuable & affectionné à vn vertueux Seigneur, Lequel á tant l'honneur de DIEV, *& ſon ſalut deuant les yeulx, qu'il n'y prepoſe rien. Et de l'vn &*

l'autre costé se trouuent trop d'exemples, voire auiourd'huy mesmes en tel nombre, que nous sommes tombez és miseres que nous sentons, & de iour en iour nous empestrons en de plus deplorables par le iuste iugement de Dieu, ayans laissé la pureté & zelle de sa loy non moins pres-que que les Iuifs ou barbares & heretiques. Car tout est remply de sacrilege, auarice, lubricité, & hypocrisie. Et si n'estoit la misericorde Diuine, qui c'est reserué quelques gens de bien, il y a long temps que ce fust faict de nous: ausquelz nous sommes heureux d'estre obligez pour les biens que Dieu nous a faictz par eulx, soit pour paix, soit pour guerre, soit pour exemple aux autres en integrité de vie & Religion. Entre lesquelz, Monseigneur, vous tenez le premier lieu. Car nostre Roy, ayant resolu de donner la paix à son peuple, & permettre la

Religion pretendue reformee, selon l'aduis de son Conseil, auquel estoit le deuoir d'obeir, ne pouuant mieux y remedier, sans vn tres-dangereux hazard, qu'il ne faut iamais essayer, qu'en vng dernier peril: Il n'eust peu choisir Ambassade plus religieux & entier sur la probite & fidelité du-quel ses Princes & subiectz eussent peu s'asseurer, comme en vn Prince ennemy d'hypocrisie, & qui ne vouldroit pour sa vie, sciemmẽt negocier vne infidelle promesse. Or pour la permission de la Religion pretendue reformee; on n'eust peu eslire Prince plus zelateur à la tollir en partie, ou à la restraindre du tout en plusieurs lieux, & restablir la Catholique, ayant esgard au bien de Paix desiré de nostre Roy, qui pretend vn mesme but que nous, cõbien qu'aucũs pensent qu'il ne suit le chemin plus seur selon l'escripture. S'est-ce que le debuoir des gens de bien eſt de ſe ſeruir induſtrieuſemēt des moyens que le Prince laiſſe en la main des Catholiques pour le bien cōmun. Certes vous l'auez fait paroiſtre à Lodun, qui a eſté exempte du Preſche, pour le reſpect que lon a eu à voſtre excellence. Et de meſme façon voſtre deuotion, & de Mon-ſeigneur le Prince voſtre filz a tant paiſiblemēt faict, qu'en voz terres ne regne que la Catholique. Voire que voſtre grand ombre & amytié voiſine, nous eſt ayde ſinguliere & aſſeurance pour la foy & maintiē de ceſte Ville, chef de Poictou, duquel auez eſté ſoubz noſtre Dieu, & noſtre Roy, defenſeur, reſtaurateur, & vangeur. Car oultre les ſignalles & generalles victoires & batailles, ou auez eu touſiours l'honneur, lieu & heur que peult deſirer vn bon & vaillant Prince, Dieu, de ſa ſinguliere beneuolēce a fortifié & proſperé

ſperé

speré vostre magnanime hardiesse tãt que mittes à sac l'armée prouençalle, qui seule pouoit esperer victoire cõtre vn Roy, Et principallemẽt si ell' se fust ioincte aux autres, cõme ilz en estoiẽt sur le point, sans vostre force, & diligence : nous fussions miserables en Poictou, sans la prinse de la ville & chasteau de Fontenay, apres deux hazardeux sieges. Et pour maintenir en ladicte ville le seruice de DIEV, & du Roy, vsastes de grãde prudence & prouidence(à mon opinion, & des gẽs de bien) quant y establites Monsieur des Roches Baritault pacificque, & biẽ aduisé selõ les occasiõs qui s'y sont présentées. Vostre force & patience à aprins à ceux des villes & chasteaux de Lusignan, & de Mesle, que c'est de la iuste guerre contre les mal aduisez. En verité vous nous auez sauué ville & chasteau à Poictiers, car autrement nous estions surpris. Et pour dire en vn mot, ie ne scaurois nõbrer les biens que Dieu nous a faicts, par vostre vigilance, dont vous en demeurans obligez auec tres-humbles actiõs de graces, prions incessamment nostre Dieu, vous conseruer en longue vie & santé, pour le maintien de la saincte Eglise Catholique. A laquelle auez vne telle deuotion & reuerence: que cõbien que pres-que tous ayent prostitué par insigne sacrilege son ministere, ses estatz, ses offices, son authorité, & ses biens, pour se vendiquer, & vsurper en vsaiges prophanes, & non sacrez: n'en auez voulu violer, ny praguer en vostre catholique Maison, aucun Euesché, Abbaye, Pension, Prieuré, ou autre bien. Et ie ne doubte point que Dieu benist voz biens & bon mesnaige pour ceste cause. Et au contraire rẽd les autres sterilles & penurieux, ce que l'experience nous ha bien monſtré depuis que lon à mis la main aux eſlections & benefices. Car nous n'auons eu que malheur. On ſe plaignoit de l'an 1438. que le peuple deceu par faueur & ignorance, demandoit aux dignitez Eccleſiaſtiques, gens indignes & le Clergé ſeduit par monopoles eſliſoit abuſiuement gens meſnagiers, & verſez aux affaires du monde, & non gens de bien & de ſcauoir: Dont les Synodes, Chapitres, Viſitations, & reformations n'auoyent plus lieu. Et pour y dõner ordre, qu'il failloit que le Prince, qui eſtoit enfant de l'Egliſe, & non ſur l'Egliſe ny oppreſſeur, y mit la main de l'aduis de ſon Clergé, qui cõſentit que le peuple demãderoit deux de ceux qu'il pẽſeroit les plus vtiles à l'Egliſe, & que le Clergé en eſliroit deux, & les preſenteroit au Prince pour en nõmer à noſtre S. Pere, celuy qui ſelon Dieu, & non plõ ſon affection, il iugeroit le plus expedient. Et pour remedier aux elections abuſiues, il y auroit des deputés de la part du Prince pour empeſcher la faueur & monopole. Or en ce-la le droict de l'Egliſe eſtoit aucunement gardé & le ſingulier priuilege du prince Francoys authoriſé. Toutes-fois auec le temps ces deputés faiſoient eſlire ſoubs main les courtiſans, ou leurs fauoriz. Autrement mettoyẽt tout en combuſtion, dont ſortoyẽt grands ſcãdalles & mutineries. Or lon cuida remedier à ce-cy par vn cõcordat faict l'An 1516. Et publié par force à Paris au meſme an le 22, iour de Mars malgré (cõme diſent noz cronicqueurs) les vniuerſités, Egliſes cathedrales, & Clergé de France: Dont ſ'en eſt enſuiuie la miſere ou nous ſommes, qui fera changement (cõme noz hiſtoriens dient en la vie du Roy Loys cinquieſme

eſtre

estre aduenu, qui morut sans hoirs, si lon ne rēd á l'Eglise ses droictz. O que les princes feroyēt biē plus saigemēt, & sainctemēt d'ensuyuir & tenir la sentence des théologiens, Que sunt cæsaris, cæsari : quæ Dei, Deo. Interposer leur authorité, à celle fin q̃ l'Eglise viue & soit gouuernée selon les saincts canons, sans toucher aux droictz, ny à ses biens. Et lon deuoit faire ce-la des l'An, 1438. Et à plus forte raison l'An 1516. & DIEV eust empesché Lauter qui vint 1517. & tou tes les sectes qui sont venus puis apres Et eust agrādi l'Empire de noz Roys comme il a faict à ceux de Portugal, & d'Espaigne, sans les faire prisonniers, & leur eust donné le long fruict de paix, comme par le iuste iugement de DIEV, ne nous est aduenu, & de iour en iour s'augmēte. Toute la chrestienté c'est sentie de noz maux, &

principa

principalement l'Eglise Romaine en son sac 1527. Et en la reuolte d'Allemaigne, & de plusieurs autres Seigneuries Chrestiennes. Israel est loué. Exod. 38.24. d'auoir donné pour le Tabernacle de Dieu, vingt-sept mil cinq cens septante vn escu d'or. En argent, vallant deux cens quarante mil escus. En erain, vallant vn million & soixante deux mil escus, sans l'estain, le plomb, le fer, la soye, laine, fillet, peaux, pierreries, terres, villes, villages, maisons, dismes, premices, & oblations. Dauid laissa à Salomon pour bastir le Temple, la somme d'or, Primi paralid. 22. 14. reuenant à Mil cinq cens septante deux millions, deux mil huict cens septante huict escus. En argent, vallant enuiron Deux cens mil quatre cens escus, sans l'Erain, & autres metaulx, & biens que lon ne pouuoit nõbrer. Tous les Princes ensemble don-

nerent. Primi Paralipo. 29. 7. *Cent dix-neuf millions, sept cens cinquante mil, cent quarante & deux escus, esgallez à nostre monnoye. Cyrus, Darius, & Artaxerces prospererent pour auoir faict rebastir le Temple, & donné grands biens & priuileges à l'Eglise,* Primi Esdr. 6. 14. ac. 2. Mach. 1. 33. 34. 35. *Seulucus Empereur d'Asie honnora tant Dieu, que de son reuenu il faisoit fournir tout ce qui estoit necessaire au seruice des sacrifices* 2. Machab. 3. 3. *L'Euangile loue le Centenier qui auoit edifié vne Synagogue.* Luc. 7. 5. *Le faict de ceux-là est approuué, qui donnoyent pour l'entretien & reparation du Temple,* Luc. 21. 1. 2. 3. *Et Dieu se complaint griefuement de ce que nous nous soucions plus de rebastir noz maisons & nostre volunté, que la sienne.* Agg. 1. 7. 8. 9. 10. 11. *Disant expressemẽt que c'est la cau-*

se

se de noz calamitez. Car celuy qui a vn vray soucy du spirituel, ne contemne & ne pille point le temporel comme ont faict Nabucodonosor, Balthazar, & Heliodore, dont est venue la ruyne de leurs sceptres & splendeur. Ainsi vilainement sont mors Anthiocus, Iulian l'apostat, & les chefs des voleurs d'Eglises, comme aduint a Achab, & Iezabel selon que plainct Helie 3. Regum 19. 10. Le Roy Achaz pensa sortir bien de ses affaires prenāt le bien de l'Eglise, mais il ne luy en aduint que malheur, 2. Paralip. 28. 20. Or il ne sert rien de dire, que ceulx-la estoyent ennemys, ou hereticques, & que nous sommes fidelles, & qu'auons bonne intention: car nostre acte semble au leur. Noz maieurs, par deuotion, ont enrichi l'Eglise, & nous la ruinons. Les ennemys ont pris les thresors, & ruiné les bastimens, & nous alienons le fonds,

Les aduersaires ont introduict faux ministres contre l'Eglise & nous y admettons ceux qui ne le sont, ny ne le peuuent estre, & empeschons par nostre authorité, que les gens de bien & de scauoir ne leur resistẽt, que si aucuns gẽs de bien sont proueus, c'est coup de aduenture, & contre nostre coustume. S. Hierosme dict, cap. 4. epist. ad Paulin. *Que le sainct prelat ignorant nuist autant à l'Eglise en ne la pouant defendre, contre les destructeurs, quil profite, & edifie par la saincteté de sa vie. Helas que diroit il maintenant ou il n'ya pres-que plus de pasteurs, ains idoles, ou fauces representations de pasteurs.* Zacha. 11. 17. *Nostre Seigneur faict mention de noz Custodi nos, qu'il nomme mercenaires.* Iohan. 10. 12. *Et s'il ya quelque vray pasteur, il sera chargé de faire pension, pire condition bien souuẽt q̃ de nourrir vn porc, ou vn* chien, qui ne mangeroyent pas tant, & nuiroyent moins à l'Eglise, desquelz parlant, & deplorant nostre misere, le Prophete disoit : Ses ennemys ont esté ses chefz. Tren. 1. 5. Que si lon poursuit le train du iour-d'huy, la probité & science n'auront plus lieu. Car il ne faut estre homme de bien, ny sçauant, imo, ny hōme, ny Catholique, ny clerc pour estre Euesque, ou Abbé. Car les boufons, les mignons, les femmes, les laiz, les deserteurs le sont. Les vns par custodi-nos, les autres sans custodinos: les femmes & laiz mourans, les Eueschez & Abbayes vacquent. Les custodi-nos mourans, rien ne vacque. Si nous poursuiuons à ruyner l'Eglise, prenans ses biens, qui est-ce qui en voul-dra estre? Toutes les heresies ne la sauroyēt tant ruyner que la ruze du iour-d'huy, dont lon vse à pouruoir aux offices Ecclesiastiques, & a aliener son bien,

.ien, vne ſeulle choſe me donne eſperance, c'eſt qu'en ſemblable mal-heur, DIEV la ſecourue, & exterminé ceux qui par violence, ou ſans reuerence la deterroyent. Tous les gens de bien crient á DIEV contre ce-la: qui vous a preſerué (Monſeigneur) de telle temeraire & ſacrilege auarice: DIEV face la grace á Monſeigneur le Prince Daulphin, & à Monſieur le Prince d'Ombes, & à leur posterité de ne ſe proſtituer à vne telle impieté: laquelle au iour-d'huy, pour le grand cours qu'ell'a, n'eſt plus eſtimée peché. Voila pour-quoy Monſeigneur, nous auec tous gens de bien vous debuons admirer & imiter. Et quand a ma profeſſion, vous l'aimés tant que iamais ne vous laſſez de luy bienfaire, & excuſer ſes deffaux. De moy en particulier ie ne cognoy Prince viuant, qui m'ait obligé a ſoy d'vn denier, ſi-non vostre liberalité particuliere à laquelle toutes-fois n'ay rien deserui, plus que aux autres: ce que dy non en vous flatant, ny en me mescontentant des autres, mais pour fermer la bouche à ceux qui songent, & font courir bruit que nous auons grosses pensions des princes fors de vostre excellẽce, qu'ils disent, & vouldroyẽt ne m'aimer pas. Mais vous estes mõstré tous-iours vn vray Alexandre, gardant la bonne oreille à l'acusé pour se deffendre. Dõc en recognoissance de tant d'obligatiõs enuers vostre tres-chrestienne excellence, mon debuoir à esté vous dedier vng petit liure de la vraye & faulse astrologie, que tres-humblement vous presente, esperant qu'en serez par authorite & bon zelle defenseur, comme ie m'attẽs destre par raison á ceux qui y vouldroyent temerairement cõtredire. Ie le vous offre aussi pour ce que aymez verité & simplicité, & en hayssez le masque, qui est en l'astrologie du Iour-d'huy de laquelle parlant Ptolomée Pelusien dict: L'homme est souuent trompé predisant les choses futures en particulier. Car predire ces choses excede la faculte humaine, & n'ya que DIEV seul, ou celuy, qui est inspiré de par luy, qui les puiße prédire. Secondement, nous ne sommes suffisans pour vne telle profession. Troisiesmement, pour ce que par ceste profession lon definist plus-tost les choses probables, que certaines & veritables. Quatriesmemēt, Nous predisons par le cours & siege des astres selon l'obseruation des anciens. Or attendu que raremēt se trouuent ilz semblables par tout le Ciel, donc noz astronomicques predictions ne sont certaines. Finablement nous ne pouuōs prédire les cho-

1. apot. elesmo. & 1. cētiloq.

ses futures en particulier asseurement Car la diferance des semences, le divers temperament, le lieu de la geniture, l'éducation, la viande, & les mœurs nous empeschent : Iusques icy Ptolomée ægiptien prince des pronostiqueux. Ptolomée dict qu'il ne sçauroyent deuiner en particulier asseurement l'heur ou mal-heur, & toutes-fois lon s'y fie presque autant que Iulian l'apostat, qui mesme disoit que DIEV auoit relegué Abraham aux astres pour voir sa fortune. Gen. 15. 5 Mais comme dist S Cirille DIEV le renuoye au sable de la Mer & aux estoilles pour luy faire admirer le nombre de sa posterité, non pas pour luy faire deuiner son heur & mal-heur. Nous lisons que le diable s'est feinct estre Moyse, pour seduire, & faire noyer les Iuifs. Socrates lib. 7. cap. 37. Et les Iuifs soubs Valents Empe-

Cyril. alexād. lib. 10. in Iulia

reur feignirent estre Crestiens, pour plus subtilement renuerser le Christianisme. Theodoret lib. 4. cap. 22. hist. eccl. *Satan se transfere en ange de lumiere, dict S. Paul* 2. cor. 11. 13 14. *Et les faulx prophettes & faulx apostres se nomment Christz, & extraordinaires, (a) ou diuinement enuoyez, & viennent couuers de peaux de brebis.* Math. 7. 15. ac 24. 5. 11. *Tels sont noz diseux de bonnauenture, & quelques vns de nos pronostiqueurs du Iourd'huy, qui se couurẽt du mãteau de mathematicque: Et ne s'entre-semblẽt non plus, que vous qui bastissez, fondez, & enrichissez les Eglises, ne semblez à ceux qui les ruyment, prẽnent leur Ioyaux, & vendent leur temporel. O quel creue-cœur vous seroit, voir vostre posterité ruiner les Eglises, prendre les ornements & ioyaux qu'auez sacrez à DIEV:*

(a) lib. 4. insti. calu. car 3. sect. 4. Beza. in confessi. pũct. 5. sect. 28 Et in cõfessi. generali. art. 27.

Et non moins aliener le reuenu. Les defunctz s'esleuerõt en Iugemẽt contre nostre auarice & audace. Car on ne tient plus conte de la conscience, & lon s'amuse aux inuentions auares des hommes, & aux vaines predictions des deuins, qui sont plus obeis que les Theologiens, & pour ce, Dieu laisse regner ces liures de Republique, de l'estat du Prince, & semblables, qui sont trespernicieux aux Monarques, qui doibuent ioindre la Religiõ, & l'estat. Et pourle moins, endurer tellement autre Religion que la leur, sans que lon ait moyen de sapper ou enuahir auec le temps leur estat, comme faict le Pape & Prince, Chrestiẽs, auec les Iuifz, & le turc auec les Chrestiens, sans hazardes l'ung & lautre. DIEV nous maintienne par sa saincte grace en paix, & nous vueille efficacement inspirer de re-

tourner à luy. & nous conseruer & donner princes religieux, constans, & veritables Amen. De Poictiers ce vingt-sixiesme de Iueillet. 1578.

PORTH-AESIVS.

Plus vostre, que sien.

DE LA VRAYE, ET FAULSE, ASTROLOGIE

De la diuerse facon de prédire, les choses à aduenir, & du langaige de ceux qui fauorisent aux malings.

CHAP. I. SECTION. I.

La vanité des hommes charnelz & mondains, à tousiours esté, de se soucier plus des aduentures téporelles, de leur estat & maintien, que des salutaires. Et pour-ce Dauid disoit, Filz des hommes iusques à quand aymerés vous vanité, & mensonge. Ignorés-vous, que Dieu haït les obseruateurs de vanité inutilemét. En-quoy il cõdemne toute l'imposture de deuiner l'heur, ou mal-heur, à aduenir

ps. 4.3.
ps. 30.7

ſoit ſur les hommes, ou ſur leur e-ſtat. L'ennemy à tenu le monde long temps enſorcelé, prédiſant quelques choſes à aduenir, tãtoſt par hydromantie, feignant deuiner par le mouuement, ſituation, couleur, ſaueur, ou quantite de eau. tantoſt par geomantie, pyromantie, aereomantie, necromantie, feignant prédire par la terre, le feu, l'aer, & par les mors, les choſes futures. Tantoſt il diſoit la bõne aduenture, par les lineamẽs du viſaige, de la corpulãce, de la maĩ & ſẽblables parties appellant cela metopoſcopie, ſomanie, phiſonologie, chiromantie, aucunes-foys il deuinoit les choſes à aduenir par ſonges, & aduentures communes, ou par apparition de mors en dormant. Autreſ-fois, par le vol, chant, gazouillemẽt & geſtes des oyſe-

oyſeaux. Souuent il à faict coniecturer les aduẽtures humaines par la rencõtre des animaux, par leur voix, membres, entrailles, monſtres, ou maintien : tellemẽt qu'il n'a rien laiſſé es œuures & creatures de DIEV, qu'il n'ait prophané & tiré en abus & abhomination.

SEC. II.

Non contant, il ha par grand ſacrilege violé l'aſtrologie, de polutions meſchantes, ſur les aſtres natiuitez, & actiõs humaines: qu'il à nommees influences, & horoſcopes. Or tels marchans de menſonge, ſe ſont nommés Mathématiciẽs, Généſiologues, & Génethliacques. Et pour nelaiſſer rien entier, il ha monſtré à prophétizer, par les temples, autelz, ſacrificès, & ceremonies des faulx dieux. Or en ſes fatras la, il ha meſlé ſes

venins, poisons, sorceleries, passe
passes, charmes, enchantemés, cō
féderations, sacremens, mommeries, inuocations, & accointāces
diabolicques, occultes, ou manifestes : qu'il à desguisés & fardés
du nom de magie naturelle. DI-
Exode. EV dict, que telles gens doibuent
22.13. estre exterminés, ēcores qu'ilz fa
Deut.13 cent merueilles: & qu'il aduienne
1.2.3.4. ce qu'ils disent, car DIEV c'est re
Deut.18 serué la science, & prophétie, de
10. 11. l'estat du monde:& des actions hu
12. 2. maines. Les payens mesmes, quel
3.Para. ques-foys ayans descouuert tel a
33.3.4. buz, les ont exterminez. C'est
5.6. Hierem donc vn grand aueuglement, ou
27.9 tesmoignage certain d'atéisme &
Incrédulité, quand on voit encores telles pestes pres les administrateurs des républicques chrestiennes.

SEC. III.

Notez que telz renards se nōment mathematiciens, & non deuins: Ilz babillent que les maistres leur ont mõstré leur leçon: & touteffois ne sçauroient faire vne démonstration de ce qu'ilz coniecturent, en quoy il contreuiennẽt au nõ & profession d'un vray mathématicien, auquel il appartient, de mõstrer euidẽment, ce qu'il enseigne. Les grands, qui les ont auec eux ouuertement, ou soubz main: pour contẽter le monde disent qu'ilz n'y croyent pas, et que ilz leur seruent de folz, et de passe-temps, voire aucunes-foys les font perir meschãment, cõme firent Tybére, Caligula, Domitiã, & Vitelle, Empereurs rommains, quand ces folastres leur deuinoiẽt mal-encontre. Mais leurs actions & cõportemẽs donnent bien cleremẽt à cognoistre ce qui en est.

Ces gens du monde font ne plus ne moins que Tybere, quand ilz õt en volũté de faire quelque cho se, car sãs conseil de gens sçauans & craignans DIEV, l'honneur, & seruice de DIEV mis erriere, il fault qu'il soit faict. Toutes-fois sainct Paul dict qu'il ne fault faire mal affin qu'il en vienne vn bien, Rom. 3.8. Or le Sainct Esprit, par cela à coupé broche aux politicques mocqueurs: qui veulent que les gens de bien disent, (*Malum esse bonum : Bonũ esse malũ*) *Esaye*, 5.20. Certes peché est tousiours tellement peché, qu'il vauldroit mieux mille-fois morir corporellement, que pecher, ou consentir à vn peché mortel, que lon doit fuir, empeschér, ou chastier.

SEC. IIII.

A l'heure de la mort, qu'il fauldra

dra reſpondre au ſéuere & eſtroit Iugemét de DIEV, lon trouuerra ce zelle & aduertiſſemét eſtre ſãs paſſion, & ſédition. Car deuant DIEV, il ne ſeruira de rien de mettre en aduant, l'éſtat, la neceſſité, la bonne intention, & bonne fin, ou telle friuolle excuſe, qui n'empeſche l'œuure eſtre peché: ſ'il ne reſpond exactement à la loy de DIEV. A lors ne ſeruira rien de alleguer que lon à peché par contraincte: que de deux maulx lon à éſleü le moindre: que lon n'a pas eſté ſeul en ſon opinion, & que ceux qui entendoient bien les affaires, en eſtoient d'aduis: que lon à eü beaucoup d'exemples de grãds princes au paraduant: & que ceux qui y contrediſoient eſtoient gens ſans experience, paſſionez, trop rigoureux, violents, ou ſéditieux:

gens aueuglez aux affaires d'estat,
3.Reg. des-quels le conseil renuerseroit
18.19. le regne. Tel langage ont tenu Iu-
&,21. da, & Israël, contre les prophetes
ac 22 quãd l'éstat est venu en décadẽce.

SEC. V

2.para Iuda, & Israël n'ont manqué de
36.14 flatteurs de tous éstatz : qui trou-
15.16. uoyẽt tout bon, & auec raisons ap
Hiere, parẽtes: Et allegoyẽt, que la char
28. ge & office des prophetes ne s'estẽ
doit si auand, que de parler comment il failloit gouuernér l'éstat, & qu'il ne leur appartenoit d'y mettre le nés. Au contraire les prophetes remõstroyent, que leur charge touchoit ce-la. Et pour-ce
Esay,1. ilz intituloyent leur prédication,
ac, 13. visions, & charges sur les Roys,
& 15ac Princes, & gouuerneurs. Aussi
17 item sur les Royaulmes Prouinces, &
18.ic19 Villes, auf-quelles ilz enseignoiẽt

la façou

la façon de ſe bien gouuerner, ta xoyēt les deffaulx paſſez, remonſtroyent cõment Dieu vouloit ſon peuple eſtre gouuerné ſelon ſa loy & non ſelon la prudence du mõde & des hommes. Alegoyent qu'il fault auoir recours à la bouche du preſbtre par tout ou il ya dificulté ou ſcrupule de conſcience: quand il eſt queſtion d'engaiger l'honneur de DIEV. Et de hazarder le debuoir des ſuperieurs enuers le vray ſeruice de DIEV. Mettoyent en auant comment les bõs gouuerneurs Ioſias, & Ezéchias, auoyent reiglé leur cõſeil, & dreſſé leurs affaires ſelon que les preſtres leur auoyent remonſtré aux ordonnances de DIEV.

It.21ac 22. 23.

Deu. 4 & 12. Leu 10 Deuter 17.

SEC. VI.

Les prophetes d'Iſraël, & Iuda, non plus que ceux du iour-d'huy

ne

ne ſ'ingererent iamais d'eſtre au conſeil des princes, & des villes, car ce-la eſt hors leur vocation.

Mais ç'à eſté touſ-iours le deü des princes, & gouuerneurs, de ſe conſeiller aux prophetes, es affaires de conſcience, & dificulté religieuſe. Le prince, qui veult que DIEV, proſpere ſon eſtat, doibt ſçauoir la guerre, & la paix iuſte, ou illicite, de la bouche des prophetes. Autrement ſes affaires viendront à neant. Ce n'eſt pas au prophete de definir en vn tel lieu il fault tel gouuerneur, ou garniſon. En vne telle guerre, ou ſiége il eſt beſoing de tãt, & de telz gens d'armes: cõmencer la batterie par la. C'eſt au prophete à iuger ſi tel impoſt eſt ſellon Dieu, ou inique. non pas cõbien vn chaſcun en doit payer: c'eſt au prophete d'enſeig-

ner

ner comment on doit administrer deüement son office cõme il est éuident. *Luc.* 3.11.12.13.14. SE. VII.

Or le monde, les flatteurs, ambitieux, hypocrites, & temporiseurs, qui pour le lucre, commodité & faueur accordent tout aux grands, s'éfforcent comme Hérodias, à alumer le feu contre les iustes répréhensions des prophetes. Car ilz anéantissent, & enfergent tellement l'office des prophetes, 2. *Timo*, 2.9. *ac* 4.2. contre la parolle de DIEV, qu'ilz veullét leur donner préiuge des vices, & vertuz, selon leur corrumpue opinion, comme telz moyenneurs faisoyent il ya long temps. Autremẽt les prescheurs sont passionez, violants, tumultuans, s'ilz ne se taisét ou s'ilz ne les reprennent tïedemẽt & sans ardeur: car ilz demandent d'estre

2.Tim, d'estre chatouillez, ou excusez, &
4.3. non pas picquez. *Esay*, 30.9.10.
Roma, pour-ce qu'ilz sont de l'Eglise La
1.32. odicenne · *Apoc*, 3.16.17. Prestz
d'estre vomis de DIEV. Telz sōt
tous ceux qui directement, ou indi
rectemēt fauorisent aux pecheurs
pour les maintenir en leur mal.

SEC. VIII.

Les prophetes disoyent, que pe
ché est voluntaire, car il vault mi
eux endurer ou morir, que pecher
Genes. à l'exemple de Ioseph, Susanne &
39. *Da* des Machabéans: Il vault mieux
ni, 13. perdre la Terre, que le Ciel: ha-
2.*Mac* zarder le temporel, que le spiritu-
6. *ac*, 7 el', exposer son corps à sa mort,
que son ame, son bien, que la réli-
gion. Les philosophes mesmes ont
iugé le marchant iecter voluntairement sa marchandise en la mer:
qui faict ce-la? par la contraincte
de la

de la tempeſte, & ceſtuy la eſtre vicieux, qui par cõtrainċte à faiċt contre la vertu. Auſſi diſoyent ilz, que de deux maulx, il fault eſlire le moindre: quand les maulx ſont peine, & non coulpe ou peché. Car eleċtion ne ſe faiċt ſur le mal de coulpe, donc il ne fault conſentir à ce qui eſt peché.

SEC. IX.

Reſpondoyent que deuant DIEV, ne ſerõt receüs & approuuez tous exemples, & faiċts ſemblables, meſmes d'Abraham, ou des gens de bien, ny le cõſeil d'vne multitude. Ains la reigle & definition ſont en la diuine parolle, & ſentence de l'Egliſe: à l'exam̃ de laquelle il fault raporter tous exemples, & conſeilz. Les prophetes ſouuent remõſtroyent que leurs aduertiſſemens, leur langai-

Auguſ epiſ. 61 dulciti. & lib 2 in gaud cap 23

ge, & leur rusticque façon déplaisoit aux mõdains, qui s'estudioyẽt à beau-dire, plus que à bien faire. Et que la verité n'auoit besoint de fard rethoricque. Aussi disoyent ilz, le monde peche malgré nous, mays il ne sçauroit par force, no⁹ faire aduouer, que son peché est vertu ou excusable. Par ainsi comme cestuy-la se dãne, qui des-obéist, & se rebelle contre son superieur. 1. *Petri*.2.18. Aussi se danne celuy, qui luy obéist en ce qui repugne à DIEV, & à son seruice *Act*.4.19.20. & 5.29. Et le commendemẽt du supérieur n'absoult poinct l'inférieur, du peché contre l'ordonnance de DIEV. Car á lors, l'inférieur craignant DIEV, doit s'excuser, Et remonstrer qu'il ne peult en seurté de conscience, mettre à execution, le commendem mendement, & ordonnance, qui ouuertement, ou indirectement, repugne au seruice de DIEV, à la loy de nature ou de son Eglise. Or l'inferieur ne peult pas empescher le superieur de pecher: mais il s'en doit tous-jours empescher.

SEC. X.

Finablement le discours de Iob *Iob. 9*
Et de Michée, nous aprend, que *3. Reg.*
quand les prophetes ont eü affaire *22.*
à gens, qui ne vouloyẽt tenir leur salutaire conseil: qu'il leur proposoyent celuy qu'ilz sçauoyent bien, que les princes vouloyent tenir seulement, Et les inconueniens, qui en aduiendroyent, puisque DIEV, estoit laissé erriere. Et taschoyẽt à faire que ce mal & peché fust le moins préiudiciable à l'Eglise, que faire ce pourroit, Tellement que du mal qu'ilz ne

pouuo

pouuoyent épescher ilz en tiroyét le plus de bien qu il pouuoyent. Ainsi doibuét faire tous subiectz, & non mesdire, ou s'esleuer contre leurs supérieurs. Ains priér que DIEV, les inspire, & leur donne le moyen de mieux faire à l'aduenir.

CHAP. II. SEC. I

Des vrays Astrologues, & de l'abbus & yssue des aduenturiers, Genesiologues.

NOVS ne voulons icy nous amuser á refuter le badinage, des coureurs, & affronteurs Boësmiens, & Aegyptiens. car ilz ne sont qu'vne canaille ramassée de faictz-neás, qui au grand des-honneur des chrestiens, viuent de larrecin & mensonge en disãt à plaisir sans ſir ſans aucune coniecture ou ſcience la bõne aduenture, à vn chaſcun ſelon ce qu'il leur vient à la bouche. Ie ſçay bien, que cõme les grands diſent, qu'ilz n'adiouſtent foy á leurs aduenturiers mathématiciens, Et qu'ilz leur ſeruẽt en leur art folaſtre de paſſe-temps Auſſi que le peuple dict, qu'il ne croit au babil des Bohëmiens. Toutes-foys, & les vns, & les autres pechent: car il n'eſt licite de ſe ſeruir, & prendre paſſe-temps des perſonnes deſ-quelz l'éſtat, & faction n'eſt que abus, & impoſture.

SEC. II.

Nous ne voulons icy refuter les coniectures ordinaires des choſes à aduenir par raiſon phiſicque, ou receüe par expérience: ains l'abus des natiuités, & fortunes humaines particuliéres à aduenir, deſ-quelles il n' y a, ny ne peult auoir aucune mathématicque, les aſtres, & les hommes demeurans en leur naturel. Par-quoy ce n' eſt ſans raiſon, que aux liures cenſurez par l'ordõnãce du S. Concil general de Trẽte, ſont prohibez les liures de la chiromantie, des horoſcopes & d autres telles aduẽtures de l'aſtrologie iudiciaire. Car ce-la n' eſt mathématicque, ny ne le peult eſtre, á cauſe que les Aſtres ſont cauſes loingtaines, indeterminées de ſoy, pluſ que treſ-dificiles à ſonder & mépartir á l' application particuliére de leurs influẽces: auſſi que le tout eſt ſelon la diſpoſition, & tempérament du ſubiect particulier, que l' aſtre ne peult monſtrer.

SEC. III.

Ie ne veulx auſſi refuter, que l'eſprit ne ſoit ordinairement & ſenſuele suelement ſolicité à ſuiure le tem pérament du corps & qu'il ne ſ'a- commode aux organes d'iceluy. Mais ſeulement ie veulx monſtrer que directement les aſtres ne ſig- nifient poinct aſſeurément en par- ticulier, & n'inclinent, ny ne éffe- ctuent aucune action humaine. & que ce-la vient directement de la volunté. Et que la ſignification, & inclination, eſt prinſe immediate- ment du tempéramẽt indiuidu, par lequel à eſté determinée & limitée l'influence de l'aſtre. Attendu auſ ſi, que le tempérament perſonnel de l'homme eſt fort muable & ſub iect á alteration, & que á grand pei ne il peult eſtre exactement cog- neü, & que ces éffectz, & opérati- ons ne ſont touſ-jours certaines, on n'en peult rien définir, en for- me de ſcience: ains ſeulement la la vollée. Et encores, que tout ce la fust parfaictement cogneü, & certain, si est-ce que lon ne pourroit iuger de ses operations futures, & aduentures, qu'en deuinât par incertaines coniectures: á raison qu'il n'y á illation certaine de l'effect à la cause: car le faict est libre, & le temperament est agêt seulement naturel. Que si le temperament ne nous peult monstrer les fortunes futures: lequel temperament toutes-fois nous est proche, determiné, limité, & immédiat argument des actions brutalles auant la raison. A plus forte raison les astres, ne nous sçauoir deuiner l'heur ou mal-heur des hommes. Attendu qu'ilz sont causes esloignées, generalles, illimitées, & obscures.

SEC. IIII.

Nous

Nous ne faiſons doubte, que les aſtres peuuent mõſtrer beaucoup de choſes futures, que nous ne ſçauons pas. & ne pouuons ſcauoir. Auſſi n'eſt il neceſſaire de les ſçauoir aſſeurement. Car aultremẽt quelques vns ſeroyent riches, ou heureux en peu de temps, malgré leur deſtinèe particuliere: & les aultres pauures. Exemple *Gen*. 41. 26. 27. Si quelqu' vn voyoit ainſi aſſeuremẽt la famine, ou fertilité, comme Ioſeph: il pourroit eſtre riche: & à-pauurir les autres en peu de temps, malgré ſon fatũ particulier, qui le deſtinoit à eſtre pauure. Dõc il eſt euidẽt, que par aſtrologie, on ne prenoit point aſſeurement la meſure, & grãdeur de la famine. Autrement les ægiptiens l'euſſent bien veü: car ilz eſtoyent ſublins aſtrolatres. Et qui pl° est si par nature ce-la eust esté cogneü, Ioseph n'eust obtenu le nom de prophete, ny l' honneur de Sauueur. SEC. V.

Comme nous ne doubtons point, que DIEV misericordieux Iuste, & bon, par sa prouidence in-comprèhensible ne se serue du cours, & influence commune des astres, & d. la nature des Elemēs & de la vertu des causes secondes pour punir, entretenir, ou secourir richement les hōmes, ce qu' il faict de telle façon qu' il pourroit faire autrement sy les hommes se
Gen. 6. conuertissoyent. Ainsi nous croy
Exo, 14 ons qu'il faict beaucoup de choses
15 & 16 comme le deluge, ou s'il luy plai
Iosu. 10 soit, la diuision de la mer rouge.
12. 1, la manne, les cailles, le soleil ar-
Es, 38. 8 resté au temps de Iosué, reculé au temps de Ezechias, obscurcy en la passi

la paſſion de noſtre Seigneur. Mat 27.45 .Et telles choſes ſemblables qui ne peuuent eſtre cogneüz par les aſtres .Et qui excedēt la facul-té d'icelles : Et quand aux ſterili-tez ou fertilitez, qui n' excedent le cōmun cours de nature: il y in-teruiēt tát de trauerſes, en la pro-portion des diuerſes influēces con curētes. Et noſtre cognoiſſance ſi courte,noſtre diligēce ſi laſche, & ĩterrōpue,& noſtre calcul ſi mal di ſtribué, auſſi que les cauſes inferi-eures y ont telle part & énergie, que á grand peine nous pouuons definir aſſeurement vne petite por tion de ce qui auiendra naturelle ment. Et qui plus eſt l'action, ver tu, énergie, diſpoſition,habitude, ſituation des vnes,empeſche, for-tifie, ou atrempe tellemēt le faict des autres, qu'il excede la capacité de noſtre eſprit de pouuoir mathématicquemẽt definir, la vraye & entiere proprieté d'vne perſonne: & moins ſes deſtinées.

SEC. 6.

Donc c'eſt vne grande iniure aux princes, & iuſticiers endurer tels aduanturiers aſtromores abuſans le pauure monde, & encores plus les auoir au-pres d'eux, comme mathématiciẽs: & toutesfois leurs actions paſſent les mathematicques. Et apartïennent aux ſuperſticions des payens: dont par toutes loys ilz ont eſté reprouuez ou excõmuniez, ou priuez de leurs dignitez, exilez, & punis de mort combien que des ce temps là ilz ſe couuriſſent du tiltre honoraire de mathématiciens, & aſtrophiles.

Eſay. 44. 24. Act. 19. 19. Concil. Laodicen. Cano. 36. in decretis cauſa. 26.

q. 5. cap

q. cap. 5. Non licet chriſtianis. Aux lois ciuilles & criminelles. *L. Nullus aruſpex. C. de male. & mathema.* Auſſi eſt il notoire. que ceux, qui auoyent commencé le remuemēt de noſtre monarchie Françoyſe, mettoyent vne bonne partïe, de leur attente mieux en la deſtinée des aſtres, que en la cauſe de leur religion. Car voyans le commun d'entre eux. ſtupide & tranſporté de ſa faulſe deuotion, Et des vaines eſperāces d'eſtre maiſtres, & faire la loy aux aultres, de leur couſté auec leur forces, intelligences, & menées, adiouſtoyent, que meſmes les aſtres menaſſoyēt la papauté, en frāce d'eſtre exterminée & ainſi appellēt ilz la Catholique & ouuertement mōtroyēt leur verité y deuoir florir: Car c'eſtoit l'ordre des aſtres, ſelon le calcul

aprins

aprins des Alemãs, & Anglois toutef-foys par la misericorde de DIEV, c'est trouué que les astres n'õt point menty, ny trompé, mais les hõmes se sont mescontez, & mesprins. Or il n'est sy estrãge de voir que gens trompez se seruent de lopinion de telz imposteurs, & leurs entreprinses, comme de les ouyr discourir, suyuant les cours de la vie, & prosperité des princes, & de leurs affaires futures. Autãt ou pl⁹ que s'ilz n'estoyẽt poinct Chrestiens, & Catholicques.

SECTION. VII.

Certes il n'ya rien qui ait plus augmenté, maintenu, & continué le courage, & effort de ceux, qui ont mené les mains, ou fauorisé, si-non que d'vn costé les ministres preschoyẽt, *Obedire oportet deo, & non hominibus. Act. 5. Item, Interficies*

cies gentes, terram que possidebis.

Aras ac statuas subuertes. Deut. 7. Gens que non seruierit tibi, delebitur. Hierem. 27. Et les aduenturiers dolouâstres d'autre part remonstroyent, qu'il n'estoit besoing que de bon courage, effort, & perseuerance. Car les planetes mesmes leur fauorisoyẽt. Donc c'este troupe transportée, de diuerses affections, de faulse deuotion, d'ambition, d'enuie, de presumption, de tyrannie, d'auarice, de nouueauté, de vengeance, & autres semblables affections, prenoit courage, par les ministres, par les mitolastres & par les vaines esperãces des grands qui les ont ruinez, menez à la boucherie, ou exposez à beaucoup de playes, & de maulx, que DIEV leur à enuoyé, ou permis pour leur ouurir les yeulx.

Exod. 7. 11. 22. 2. Tim 2. 8.

Esaye. 28. 19. s'ilz ne sont reprouuez comme Pharaö, & abusez par leurs ministres, cōme il estoit par Iannes, & Membres.

Plin. lib 18. capi. 24 & li 37. ca. 9 & lib. 7 cap. 16 & li. 30 cap. 1. & lib 11 cap. 4. Hier. in 1. ca. Ose Augu. libr. 21. de ciui. cap. 14, Oros. lib 1. cap. 4 Dio Sic lib. 3. 2.

SECTION. VIII.

Zoröastes fut Roy des Bactriens, insigne mathématicien, pour deuiner les aduentures des hommes: & le maintien des Empires, Royaulmes, & Republicques, Par la loy de ses horoscopes, & par-ce qu'il auoit le cerueau tant mouuant qu'il frapoit la main, qui touchoit sa teste. Et par-ce qu'il auoit ris le iour de sa naissance, il se promectoit l'Empire des Assiriens. Mais apres auoir perdu plusieurs batailles, contre Nembrod, dict Ninus: fut miserablement tué, & mis en pieces. Il vescut xx ans au par-aduant au desert auec du formaige, sy bien assaisonné, ce dict pline

Pline, qu'il estoit tous-jours frais. Pline n'ose asseurer qu'il ny ait eu que vng zoroäste. & est vray semblable, qu'il y en à eu plusieurs: car il est faict mention d'vn autre qui se disoit tant insigne mathématicien, qu'il auoit siege ẽtre les astres toutes-fois la fouldre du Ciel le estaignit. Les Platoniciẽs insignes sectateurs de la magie disent que Agnaces fut precepteur dudict Zoröastes, on les met les premiers autheurs de la magie, du temps que Ninus mit sus l'ydolatrie, & ainsi furent dressez faux Dieux au ciel, & ẽ la terre tout d'vn mesme tẽps. Nous trouuons apres ceux cy, les deuins de Chebron Pharaö secõd Roy d'Egypte, du temps de Ioseph insignes mathématiciens: mais ilz perdirent leur credit, & authorite de gouuerner, qui fut transferée à Gen. 41

Ioseph

Ioseph, quand ilz ne peurent deuiner les songes de Pharaö, ny la signification de fertilité, & famine par sept ans suiuans, tellemẽt qu'il ny auoit rien escrit au Ciel de ce-la : ou bien le liure estoit fermé, ou bien, ilz ny sçauoyent lire à lors.

SEC. IX.

Acengeres Pharaö, neufiesme Roy d'Egypte, enuiron l'an,30 de Moïse,fut du tout à-dõne aux mathématicqnes, & magie, soubz la conduicte de Iannes, & Membres & faisoyent choses admirables & disoyent l'eur,& mal-heur des hõmes, & des Royaumes, se promectoyent ruïner Israël: Mais la mer rouge les abisma comme plomb: & telle fut la fin, de ceux qui prophetizoyent par les astres l'estat, & desastre des hõmes Car Ilz ne peurent

Voyez, l'Exode despuis le 4. cha iusques au 15. & 2. Timo, 3. Euse in cronic.

peurẽt preuoir ny fuir leur ruïne tres-iuste. Aman, par sort, & mathematique Iudiciaire, dont il estoit insigne professeur, auoit pronosticqué l'extermination du peuple Israëlite, & n'auoit pas aduisé qu'il seroit pendu au gibet, qu'il dressoit aux autres. *Hester. Cha. 13. iusques à la fin du liur*

SECTION. X.

Sans Daniel, tous les mathematiciens des Caldéens eussent pery, Car vne grãd multitude fut vilainement massacrée. par-ce qu'il ne peurent deuiner le songe de Nabuchodonosor ny les choses à aduenir sur luy, & son empire. Et pource faire combien que Daniel fut excellemment instruict en la sapience des Caldéens, comme Moïse, en celle des Egyptiẽs, sy est-ce, que ny l'vn ny l'autre, ne pensa iamais, qu'on peult predire les choses à *Dani. 2. Daniel. 1. 4. Act. 7. 22.*

ſes à aduenir, ſur les Royaumes, par telles ſciences, ains ſeullemẽt par la reuelation diuine, à laquelle ſeule il fault auoir recours. Car qui en veult ſçauoir d'ailleurs, il de-ſobéiſt à DIEV, qui veult que nous ignorions, ce qu'il n'à reuelé, ou aprouué, Et ainſi au grand meſpris de DIEV. cõmet vn grãd ſacrilege celui qui preſte l'oreille à telles predictions.

SECTION XI.

Les prophetes, qui vouloyent la paix, qui ſe pouuoit fairé ſans peché, & ſans iniure de l'hõneur diuin, car autrement ce n'eſtoit qu'vn, appareil, & preparatif de guerre, auoyent deux ſortes d'ennemis, les vns qui par les aſtres, ſe vouloyent predire les aduentures des hommes, & de leurs Couronnes, les autres eſtoyent les Con-

ſeillers

ſeillers mõdains politicques, qui *Eſay*, 44
auoyẽt l'eſtat des princes en main 7.24.25
qu'il eſtabliſſoyẽt ſelon qu'il leur *&c*, 47.13
ſembloit le plus cõmode á regner, 14. *Iere*
& à ſe faire riches, ayans bien peu 6. 14,
d'éſgard au debuoir du prince, & *&c*.8. 12
a l'honneur de DIEV, Auſ-quelz *Ezechi*
les prophetes remõſtroyent qu'vn 11. 10.
gouuernement maintenu auec l'iniure du vray ſeruice de Dieu, ne pouuoit ſubſiſter, ny florir. Et que DIEV, ſe vengeroit de ceux qui deuoyẽt eux meſmes ſacrifier leur vie pour chaſtier vaillamment les ennemis de ſon ſeruice, & des monarchies dreſſées au pris de la vie, & ſang des princes, & peuples courageux.

SECTION XII.

Quand l'eſtat de Iuda, aloit en decadence, les prophetes n'eſtoyent plus en credit, que par maniere d'acquit, & comme par necessité. Car on ne vouloit pas administrer l'estat entïérement selon la saincte parolle de DIEV. ains on mesloit la police, auec le gouuernement á demy religieux: ou bien du tout, DIEV, & son zelle, estoyent laissés erriere, tellement que es affaires du royaulme, ou malladies, & fortunes des princes, le tout estoit d'en sortir, sans auoir ésgard aux prophetes, qui disoyent, que ce-la ce deuoit faire sans peché: comme Ioseph, & Susanne auoyent faict en leurs necessitéz: Car DIEV, ne default iamais á ceulx qui suyuent ses ordonnãces, & ésperent de son ayde, ce que en plusieurs batailles Iuda experimẽta. Et pour-ce est taxé le Roy Asa, de ce qu'il auoit trop eü en recommandation les medecins mathématiciens maticiẽs et traicté indignemẽt les prophetes. 2. *Paralip.* 16. La postérité de Ioram, gẽdre d'Achab, n'est racõptée selon noz saincts Docteurs, par. S. Mathieu, pour-ce qu'il auoit alliãce auec Achab, roy d'Israël, qui auoit degeneré, de la vraye religion, & dura soubs Ioram, Ochosias, Ioäs, & A masias, iusques à Ioäthan. Toutes-fois il pensoit par ce moyen, non-obstant qu'il fust interdit de DIEV, mieux establir son royaulme. Iosaphat pere de Ioram, est duremẽt reprís de l'aliance, qu'il fist auec Achab, pensant mieulx establir son estat. 2. *Paralip.* 19. 2. Mais apres il la laissa. 3. *Reg.* 22. 50. Iosaphat, Iosias, & Ezechias, redresserent l'estat du Royaulme de iuda & le firẽt florir Car du tout ouïrẽt les aduertissemẽs des prophetes, & selon iceux,

eux-mesmes les premiers monteréz à cheual, pour effectuér la volunté de DIEV, Sans auoir ésgard aux menteurs mathématiciens, ny aux conseilliers auares. & efféminés politicques. Car leurs Roys deuanciers auoyent bien experimenté, que telle façon de gouuerner estoit in-vtille, pour-ce que on estoit tous-jours à recommencer: & que tout estoit ce pendant mangé, engaigé, & ruïne.

SECTION XIII.

Abdias Linus. Noz sainćts peres anciens. nous font mention de la confusible fin de Symon magus ennemy iuré de l'Euangille. Or il éstoit du tout à-donné, aux mathématicques, & magie, qu'il disoit naturelle, & diuine, il se ventoit voller, & monter au Ciel. Mais il cheut villainement sur le pont du tybre à Rome.

& se

& ſe rompit les iambes, & cuïſſes dont il morut miſerablemẽt. Craton en la vie de. SS. Symon, & Iud e, faict mention de Zaroës, & Arphaxad mathématiciẽs, qui faiſoyent merueilles, & diſoyent les fortunes à aduenir, au grand meſpris deſ-dicts A poſtres. Mais publicquement le feu deſcendit du Ciel, qui les bruſla. Thérebintus budus manes, auquel les diables rompirent le col & Cubricus manes ſerf de condition, deſ-quels ſont yſſuz les manichéens, qui fut eſcorché tout vif, par le commãdement du Roy de perſe, du filz duquel il promectoit la guериſon, ce qu'il ne peult faire, furent du tout à-donnés à prédire l'heur, & mal-heur, des hommes.

SECTION. XIIII.

Agrippa, treſ-inſigne iuſticier

ſous Octouian empereur Romain chaſſa, & extermina tous les mathématiciens, predisans les aduentures humaines, Domitian empereur cruel, & grand mathématicien, ſe print contre Apolonius thï
fulges 9 anéüs, inſigne aſtrologue, pour-
A. o.8 ce qu'il faiſoit eſtat de dire les cho
cap. 11. ſes à aduenir: autant en fit Claude Empereur à Apuléïus ſingulier mathématicien, Il aduint à Aſcletarion, & à Larginus proclus, predire la mort de Domiciã: mais les ayant deuant luy les fit morir, combien qu'ilz n'euſſent pas aduiſé ce-la? car Aſclétarion aſſeuroit qu'il mouroit dèuoré des chiens, mais il fut bruſlé, & ſelon aucuns enterré auãt que aucun chien luy touchaſt: & par-ce morut d'autre mort qu'il ne penſoit: & les chiẽs ne le deterrerent pour le manger,

mais

mais l'ayans trouué hors de ſepulture luy firent chere-maſtine.

SECTION. XV.

Anaxagoras clauſomeniem, grand aſtrologue fut exilé par les Athéniens, pour ſes ſotz propos, aſtronomicques. Tybere Cœſar, aſtrologue iuſques aux dents, fit cruellement morir tous les aſtrologues eſtrangers, & exila tous les citoyens. Auſſi il mettoit à mort tous ceulx qu'il penſoit ſelon les aſtres luy deuoir combatre l'Empire. Thracéas qui prédiſoit tout, vint au Roy d'Egypte, luy remõſtrant qu'il pourroit des Dieux obtenir de la pluye, au moyen que on leur ſacrifiaſt tous les èſtrangers, Au-quel le Roy demãda, d'ou il eſtoit, & il reſpondit qu'il eſtoit eſtranger, Et à lors le Roy diſt, foy de DIEV, tu ſeras tué le premier,

Laer. lib 2.

Ouid. e 3 de arte

pour donner de l'eau aux ægyptiens, & ainsi finit sa miserable mathématicque. Nigidius pythagoréam tres-sçauãt mathématicien morut confusiblement en exil. Antioche thibert, souuerain mathématicien, qui en Italie, predisoit pour de l'argent, á vn chascun la bonne, & mal-aduenture, n'aduisa pas la sienne, ou iustement il perit, comme il aduient souuent à telles gens, & à ceulx qui les escoutent.

SECTION. XVI.

Pierre leönin premier de son temps, en admiration aux princes Chrestiens, mal-aduisez, & trop curieux: predit á Laurens medices tombé malade, que sa maladie seroit salubre, comme tous les astres luy asseuroyent, & pour-ce qu'il se fiast en luy, Mais õ ne laissa pas soubs-main d'enuoyer querir Lazare,

zare, insigne medecin, á plaisance, lequel arriué veït ledit seigneur medices proche de s'en aller de ce monde, Et á-lors tença aigrement Leönin, de ce qu'il estoit si sot de penser, que la vie, ou mort, malladie, ou santé, soyent es Astres, & non au temperament, humeurs, & medicamẽts, non-obstãt ledit sieur Medices morut, & Leönin par des-éspoir, ou par le iuste courroux de Pierre laurens Medices, fut submergé en vn puis. Telle fut la fin, & les remedes, de Leönin, & de ceux qui luy prestoyent l'oreille.

SECTIO. XVII.

Barthele my sur-nõmé le borgne predist au prince Hermes, qu'il seroit exilé . & qu'il morroit en la poincte de la bataille, Le mesme Barthelemy dist à Copon, qu'en brief

brief il feroit homicide, alors Hermes fort courroucé dift a Copon, fay morir ce mal-heureux mathématicien, car il ne fçait fa fin, & des-aftre, & deuine celuy des autres. Le borgne ayant entendu cela ne f'affeure plus aux aftres, ains fe tient fur fes gardes, ayant toufjours vne efpée á deux mains, dõt il fe fçauoit mieulx feruir que de l'aftrolabe, il munit auffi fa tefte, d'vn cafquet couuert de feultre, tellemẽt que Copon ne le pouuoit furprendre ny enfoncer, Ce que voyant Copon fe defguife en païfan, & mit vne petitte pierre en la ferrure de la chambre du borgne aftromore, lequel il ne faillit à fuïure, comme, il tafchoit à ouurir fa porte, Copon eftãt par derriere auec vne coignée luy fendit la tefte en deux. On demande á Copon

Copon pour-quoy il auoit faict ce-l a? Ie ne sçay dict il, sy-nõ que ie le vouloy engarder, de mentir, comme il faisoit ordinairement: Car il m'auoit dict, que bien tost ie serois homicide , & n'en ayant trouué aucun plus digne de mort, ie l'ay faict dire vray, contre sa coustume.

SECTION. XVIII.

Si ie vouloy racompter toutes les tristes yssues, & facheuses aduẽtures de ces imposteurs, genithomã-ces, ie seroy trop lõg & ennuïeux. Mais d'vn bon nombre que i'ay re citez, que DIEV, exemplairemẽt á punis, on peult tirer vn certain argument, que telz affronteurs, ne éuaderont pas le seuere Iugement de DIEV, ny leurs fauteurs , ny ceulx qui les ont en passe-te mps. Car peché, & imposture, ne doy-uent nēt ſeruir de recréation au prince. Valerian ne fut induit á perſécuter les Chreſtiēs, ſi-non qu'ilz contrediſoyent á vn mathématicien, d'Egipte qui éſtoit grād magicien car toute la mathématicqne iudiciaire eſt ſās nertz ſi elle n'eſt aydée des ſuperſticiōs de la magie : ces bons mathématiciēs, auoyent promis á Marc Craſſus, á Pompée, & á Iules Cœſar, qu'ilz viuroyent heureuſement, auec triumphe, iuſques ē leur vieillſſe, autremēt dict Cicero, ilz n'euſſent iamais tāt de foys triumphé, Et toute ſ-fois la triſte mort les á preuenuz tout autrement qu'on ne prediſoit.

Euſe, li. 7. Eccle Hſtorie, cap. 6

Cice, lib 2. de diu

SECTION. XIX.

Neron Empereur, á eſté de ſon temps treſ-inſigne mathématiciē, mais diſoit que on ne pouuoit dire aſſeurement les choſes à aduenir, dont il decerna la mort á telz impoſteurs, Et luy meſmes morut de ſa propre main ſelon aucuns. Iulien l'apoſtat, eſtima par la conduicte des aſtres, & merueilles de magie renuerſer le Chriſtianiſme, Mais lui-meſme fut mal-heureux, & diuinement tué. Et apres abſorbé de la terre, comme Dathan, Corah, & Abyron. Ie feray fin á la triſte mort des iudiciaires aſtrolatres, par vn ſingulier mathématicien nommé Bilot italien, il diſoit la bonne aduanture à tous, le ſucces des royaulmes, & prouinces, cõme ſ'il euſt eü la clef de la mort, & de la vie: voire de la prouidence de DIEV, Mais il n'aduiſa pas qu'en mangeant des potirons, il morut, plus enflé qu'vn crapault, & plus venimeux que vne vipere.

Ciri, ale. Nazien. & , Theodoret.

Marulo Poeta.

CHAP. III·

des

De l'opinion, qu'ont eu plusieurs, des mathématiciens iudiciaires.

SECTION. I.

Gelel, li. 11. ca, 18

Ariston legislateur tres-sage en Egipte, voulut, que pour vn tēps les larrōs ne fussēt poīct puniz tant pour solliciter les Egiptiens, à mieux serrer leurs besoignes que au par-auāt, que pour cognoistre ceux la, qui pour la vertu, & non de craincte s'abstiendroyēt de déf rober. Ordonna que lon feit estat des disciplines vertueuses, & veritables, & non-pas de sophisterie: Car ce-la engendre contentions, & encores moins de l'incertaine astrologie, touchant l'aduenture q'vn chascun: car ce-la est tres-pernicieux aux hommes, & republicques.

Iohanne Stobeus. De diis. Ser. 78

SECTION. II.

Si les astres disoit Senecque, sōt, ou

cn prédiſent aſſeurément les choſes futures, quel profict reuiendra de le ſçauoir, quād on ne le peult éuiter, Que ſ'ilz ſignifient, aſſeurement, ce qui aduiendra la ſcience me ſera in-vtille: Car il ne pourra eſtre empeſché: Que ſi l'aduenture, & prædiction eſt incertaine, & ſ'il eſt en ma puïſſance de l'empeſcher, pour-quoy ce-la eſt il appellé ſcience? pour-quoy abuſent on le monde, de la méſongere puïſſāce, & necéſſité des aſtres? Et pour-ce Pacuuin inſigne pöéte Calabroys, ſe complaignant de la preſumptiō, de ces deuins du futur? chantoit. S'ilz prédiſent, & préuoyent les choſes à aduenir, ilz ſont éſgaulx à Iupiter. Certes l'opinion de ces pauures payens à eſté, que DIEV, c'eſt reſerué la prediction des adventures, & que c'eſt préſumptiō, &

li, queſt. Natura

Pacuuin Brundu ſien.

& ſacrilege, de les predire, ſans l'inſpiration diuine.

SECTION. III.

Accius pöéte latin á eſté tant eſtimé, que Decius Brutus, homme aduiſé,& ruſé,l'ha voulu prier de daigner orner de ſes carmes l'entrée des temples de ſes Dieux, & des monumens de ſes anceſtres. Or ceſt Accius diſoit, Ie ne croy poinct á ceux qui dïent la bonne aduenture, car ilz enrichiſſent les eſtrangeres oreilles de bourdes, & leurs maiſons de richeſſes ſi'lz peuuent. Car ſi'lz prédiſent heureuſes fortunes, & elle n'aduient pas,cõme lon voit ordinairement tu es miſerable,& trompé en attẽdant.Que ſi elles aduiennent, tu te laſſes en les attendant long temps, en ne ſachant quand, ignorant ſi elles aduiendront en telle quallite què tu les attends,en danger qu'elles ne aduiennent pas: & àinsi tu as ià passé la ioye auant l'aduenture. Que si on te predict des-astre & mal-heur. qui n'aduiendra pas, tu es miserable en souuent attendant,ce qui n'aduiendra pas. Que si ton mal-heur prédict aduient, tu es miserable auanr le temps. cela monstre bien que telles vaines prédictions rendent les hommes miserables, qui y adioustent foy,' Et que les choses á aduenir, & nous aussi sõmmes en la main de DIEV, & non en la puïssance des astres.

SECTION. IIII.

Phauorin philosophe d'Arles, admirables, á tous: non seullemẽt pour son sçauoir, & constance, mais aussi pour-ce qu'il estoit Gaulloys,& estoit tres-sçauant,& èlo- *Aulu. gell. lib 14. ca. 1*

quent en grec: pour-ce qu'il estoit Eurucque, & fut toutes-foys suspicionné d'adultere, pour-ce qu'il estoit ennemy de l'Empereur, Adrian: & ne fut faict morir par-ce que vne-fois disputãt à Rome,contre l'Empereur,luy ceda, & donna gaigné,combien qu'il fust plusdocte, & éloquent, que l'Empereur, Et interrogué pour-quoy il auoit cedé respondit, il n'a grand honneur de m'auoir vaincu auec vingt legions de gens-darmes: ni moy honte d'auoir dõné gaigné aux pl' forts,Or nostre docte Phauorĩ dis puta,& per-ora á Rome,cõtre l,in
1 certitude des mathématiciens. Remonstrant premiérement que science est des cõclusions éuidentes en leurs prĩcipes,ce qui ne se peult verifiér aux particulieres complexions,generations, & aduentures,

Apres

Apres disoit, que telle imposture 2
des choses futures, dicte faulcemēt
mathématicque, n'estoit science,
cōme ilz disoyent, & que les vrays
philosophes, cōme Platon, & A- 3
ristote, ne l'auoyent receüe: & que
les saines republicques l'auoyent
reiectée: Et que si les hommes la 4
sçauoyent, seroyent en science é-
gaulx aux dieux, qu'ilz seroyent 5
riches, ou pauures, heureux, ou 6
mal-heureux, sās leur labeur, Que 7
le vice, & la vertu seroyent attribuez aux astres, & non aux Dieux,
ny aux hommes, Et que ce seroit 8
sottïe de conseiller, & aduiser au
faict des hommes, & ruine, ou
auācement des republiques, Qu'ilz 9
pourroyent deuiner asseurement,
au düel, au combat, & au ieu, qui
seroit le vaincqueur, Qu'il y eust 10
eü plusieurs Platons, car plusieurs

furent engendrez ſouz meſme cõſ
11 tellatiõ. Et que ceulx, qui ſont nez
ſoubz diuerſes conſtellations, ne
courroyent pas vne meſme fortune, & ne morroyẽt pas d'vne meſme mort, comme nous voyons ad
12 uenir ordinairement. Et qui plus
eſt riẽ ne ſeroit caſüel, ny fortuït á l'homme, non plus que á DIEV,

SECTION. V.

Apres auoir cõme orateur rembaré la vanité des faulx & aduenturiers mathématiciens, il entre
en diſpute contre eux comme phi
1 loſophe diſãt, Il n'eſt certain, qu'õ
voye, ou cognoiſſe bien diſtinctement, & aſſeurement, la nature de
2 toutes les éſtoiles: on ne peult auſ
ſi Iuger certainemẽt combien l'vne empeſche, ou ayde le faict de
3 l'autre, Qui eſt celuy qui ſçait reſo
lument le temperament particulier requis

er requis au ſubiect, inferieur, á cel
le fin que l'aſtre produiſe ſon effect. Oultre toutes les éſtoilles ne 4
paroiſſẽt ſur vn meſme oriſon Ne
ſe leuent par tout en meſmes lieu 5
Ny ne ſe couchent en vn meſme
temps : comment donc en ſera le
iugemẽt general. Qui plus eſt puiſ- 6
que les cauſes ſuperieures, ne be-
ſoignẽt es choſes inferieures. que
ſelon la diſpoſition du patient, &
recepuant, comme definiſſent ilz
l'effect commun, ou les diſpoſitiõs
ſont diuerſes & incogneüz Dauã- 7
tage, on ne cognoiſt encores pas
tous les mouuemens du Ciel, c'eſt
donc préſumption d'en parler, cõ
me ſi on ſçauoit t'out. Venons aux 8
choſes manifeſtes, les aſtres ne fõt
éſgallemẽt par tout les pluyes, ou
le beau tẽps, comment donc ferõt
ilz éſgallement telz, tous ſains, ri-

ches, heureux, vertueux. Et telz,
tous mallades, en tous lieux, meur
9 driers, on cocquins. Que ſ'ilz mettent en aduant l'experience. Nous
diſons qu'elle doit auoir lieu, ou
ell'eſt acouſtumée, certaine, & ou
el l'ha quelque raiſõ éuidente. Autrement l'argumẽt de l'effect, á la
cauſe ne vault rieu. Or icy rien de
telles cõditions ne ſe trouue, par-
quoy c'eſt abus de tenir conte de
telle incertaine experience.

SECTION. VI.

10 A l'experience, nous oppoſons
l'experience contraire : Car nous
voyõs ſouuent aduenir au cõtraire de ce qu'ont deuiné les geneſio-
logues, & rarement cõme ilz ont
11 predict. Nous adiouſtons auſſi que
quand il aduient, ce qu'ilz ont pré
ſaigé, que ce-la dèpẽd des coniectures communes, & vray ſemblables

bles &d'une vſagéres prudence,&
conference: & non d'aucune planette. Et qui plus eſt ilz ſont con-
traĩctz de cõfeſſer, que les nõbres 12
des ans, ou tous aſtres retournent
en leur premier ordre, & point,
eſt ſans certain calcul, comment
donc tirẽt ilz des cõcluſions vni-
formes puïs-que les cauſes ne ſe
trouuẽt du tout ſemblables. Que 13
ſilz n'eſt beſoing de regarder tant
diligemment á lordre, conionction,
on,poinct,aſpect,oppoſition,recu
lemẽt des aſtres, pour-quoy mettent ilz la le principal de leur fon-
démẽt. Pour-quoy ce-la leur ſert 14
il de retraicte,quand ilz ont abuſé
diſans la ſcience eſt certaine:mais
nous ſõmes meſcõtez aux nõbres,
& meſures. Or feig nous que les 15
planettes,aſtres,ſignes,eſtoilles,&
cieulx vſent ſur les hõmes de telle

tyrannie, qu'ilz gasouillēt, la guerre sera perpétuelle, aux cieux: Car aultre assemblée de planettes se trouue à mon coucher, autres à mon leuer, autre à chascun heure & repas: diuerse quand ie suis conceü, animé, que quand ie suis né: AuIour-d'huy autremēt, que n'estoit hïer: Et par ainsi puis-que leur vertu est naturelle ell'opere selon sa condition diuerse, tant de repugnans effectz que lon n'en peult faire reigle.

SECTION. VII

16 Si les planettes à leur leuer, aspectz & influence font ainsi les enfans sçauans heureux riches, & grands: il fault bien prendre garde de l'heure que lon rendra le debuoir de mariage, pour sçauoir quel
17 sera l'enfant: Et est merueille, que ces habilles astrologues l'aissent le

plus

pluſ ſouuent leurs enfantz ſotz ou calings. Ilz fonr grand eſtat de la lune, & de la mer, pour abuſer les ignorantz du mouuemēt des eaus, qui leur eſt naturel, qui leur vient à cauſe des fleuues, qui ſe deſchargent auec violence à l'oppoſite l'un de l'autre en la mer, A cauſe des exalatiōs diuerſes, à cauſe des terres, & iſles adiacentes à la mer: & ſelon la proportion de ces cauſes icy: & des eſpaces ou les eaux ſont contenuz, ſe trouuent diuers, en diuerſes mers, & eaux, le flux, & reflux, dont on les voit croiſtre, ou diminuer, iuſques à certain degré. 18

SECTION. VIII.

Que ſ'ilz veulent eſtre lunactic 16
ques, & ſe perdre es ſecrez de DIEV, attendu que la lune ne va pas & vient deux, ou quatre foys, en vn

en vn Iour:pour-quoy la Mer flust
ell'icy deux foys,la quatre,& ailleurs point du tout? Pour-quoy
deux foys l'an voit on les maretz
desbordées? comme si la lune sor-
toit de sõ Ciel?En fin la simillitu-
20 de des choses, n'est pas tous-jours
certain argument de la cause to-
talle à vn effect: Autremẽt toutes
Mers fluroyent d'vne mesme fa-
21 çon. Et qui plus est bien souuent
elles aduencent ou retardent les
maretz oultre les periodes lunai-
22 res.Que si DIEV,â faict le mouuemẽt de la lune, autre que de Mars,
ou du Soleil, voluntiers qu'il n'a
pas faict ainsi des Eaux, des Mers,
& des choses humides,selon leurs
diuers temperamentz, sans la ty-
rannïe lunaire, que ces gens icy
ont songée, I'ay bien voulu referer,& enrichir les raisons,de Phauorin,

uorin, car elles ſont grandes: Et d'vn françoys encores payen, qui eſtoit de ſon temps à Rome:le precepteur d'italie, non pour ſuſcer, la ſubſtãce des Romaĩs: mais pour les enſeigner, de bien commẽder: & ſe faire aymer, á leurs ſubiectz. Et prudemmẽt praticquer le dire de Caton. Cui des videto, Mais au Iour-d'huy tout va au contraire:car les Françoys ſe ſont rendus diſciples des eſtrangers, Maiſtres ignorans la Iuſte, & aduiſée façon de bien commẽder. Ont gens qui ſuſcẽt la ſubſtãce de leurs labeurs. Pourſuïuent telle façon de commender, qui rend par longueur de temps les ſubiectz ennuyez : donnent, & recognoiſſẽt, les indignes des offices, & benefices: par-ce aduiendra, ſi on n'y donne remede, que comme en commendant trop

ſans

ſans meſure, que DIEV, fera qu'ilz ne ſeront obéïz, que de raiſon: car telz ſont ſes Iugemens ſeueres.

SECTION: IX.

Lertius Bion Boriſtene, en ſon temps fort renommé philoſophe, pour ſes ſaiges repréhenſions, voyant vn Iour vn fort mauuais méſnager, qui auoit déſpendu ſon bien diſt: Amphïare, fut abſorbé de ſa terre, mais au rebours, tu as deuoré la tïenne. Et pour-ce, faict dangereux te hanter, puïſ-que tu as la gueulle plus large que mille arpens de terre, que tu as mangez. Ceſtuy voyant l'abuz de iudiciaires aſtromores, diſoit: C'eſt vn cas ridicule aux aſtrologues de ſe iacter de ſçauoir le ſecret du Ciel, & des choſes futures, & ne voir pas les poiſſõs nageans pres ſoy. Diogene le chenin, voyant vn pronoſticqueur

Strob. ſer 78.

Diogen. cinicus.

qui

qui monſtroit les ſept planettes errans dépeintes en vne table, luy diſt: Hola Monſieur, les planettes n'errent point, ains c'eſt vous, qui dictes leur cours eſtre erreur. Or l'aſtrophore voulãt ſe faire valoir commença á monſtrer vn horoſcope, par lequel ilz ont de couſtume de deuiner, tout l'heur, & malheur de l'homme. Alors replicque Dïogenes: O bonne inuention de trouuer à ſouper gratis. C'eſt grãd casde vous autres mathématiciés, qui voyez au Ciel, tous les ſecretz, qui doibuent aduenir aux aultres, & ne voyes pas la pierre ou vous choppés, la foſſe ou vous tombez, ny le brigãd, ou loup au boys pour vous perdre.

SECTION. X.

Quelque-foys on eſtoit en peine de ſauoir pour-quoy le Roy Alphonſe,

aneas. phonse, insigne astrologue, & en-
silui. lib uers les gens de sçauoir liberal, &
4. de ge lesquelz volutiers il auoit à sa
stis alph cour, fors les mathématiciēs, quel-
qu'vn respondit, il y à assez d'un astrologue en vn Royaulme, pour abuser tous les autres. Car les astres gouuernent les folz, & les saiges commendent aux feintes influences de astres. Certes telles gens ont tāt despleü à Dieu, duquel ilz vsurpent, tant qu'ilz peuuent, la sci-
Euripi, ence: que DIEV, á chastïé exem-
de que plairement Aesculapius, le princi-
rel. apol pal d'entre eux en son temps: cōme nous tesmoignent Euripide,
pindar. Pindare, & Lactāce: Car non seul
lib. 3. lement présumoit de prédire les
python. choses futures, ains de guerir, par
Lactan. sa mesme science toute malladie,
li. 1. 10 voire mesme ressusciter les morts,

Or la fouldre cœleste iustement le chastiá,

chaſtïá, tellement que luy qui ſçauoit tout ne preueüt pas ſon malheur.

SECTION. XI.

Seroit donc bien faict à noz magiſtratz, de dilligemment rechercher tous ſes liures de faulſes, & abuſiues receptes, tous ces liures faulſement nõmez magïe naturelle: tous liures de chirõmãce, &autres predisans la fortune d'vn chaſcun. Or ces abuz ſe commettent à Paris, & aux vniuerſitez, car iniuſtemẽt on á oſté aux Eueſques Théölogiẽs, & vniuerſitez, la cenſure, & examen des liures, qui ſont dangereux á l'ame: cõme ſi DIEV, ne deſtruïſoit poĩt l'eſtat de ceulx qui penſent long temps regner nõ de par luy, cõme le faict le mõſtre, quelques parolles que lon dïe au contraire, qui ne ſeruent de rien deuant

deuant DIEV, Nous auons vn bel exemple de ce-cy au chap. 19. 19. des actes des. S S. Apostres, ou il est dict que ceulx qui auoyẽt suiui choses curïeuses, ont bruslé leurs, lïures, Ceque S. Augustin traictãt á l'ocasion du penitent mathématiciẽ dict. La soif de l'Eglise veult aussi boyre cestui-cy que voyez. C'est aussi à celle fin que vous cognoissiez, que plusieurs en lassemblée des Chrestiẽs, de bouche benissent DIEV, & en leur cœur le maudissent. Cestuï-cy chréstïen, & fi'delle éspouuanté de la puïssãce du seigneur est penitent, & se retourne à la misericorde de DIEV.

Augu. sub fin: psa, 51,

SEC. XII.

Or luy estant fidelle fut séduïct de l'ennemy, & fut long temps methématicien: Ainsi séduïct, seduïsoit, ainsi deceü, decepuoit, álechoit,

lechoit, & trompoit, á dict plusieurs mensonges contre DIEV, qui à donné aux hommes puïssance de faire ce qui est bon: & ne faire ce qui est mal. Cestui-cy disoit. que la propre volonté ne cõmettoit pas l'adultere, ains que c'estoit Venus: & que Mars faisoit l'homicide: & non la propre volonté, Et que DIEV, n'estoit cause de l'homme iuste, ains Iupiter, Aussi tenoit il plusieurs autres sacriléges non petiz. Combien pensez-vous qu'il á soustraict de deniers aux Chréstiens. Il y en á eü beaucoup qui de luy ont achaté mẽsõge, aux-quelz nous disions, filz des hommes iusques á quant serez vous graués de cœur, pour-quoy aymez-vous vanité. & cherchez-vous mẽsonge. psal. 4.

SEC. XIII.

Maintenant, comme il est credible de luy,il ha horreur de men ſonge, & de la perdition de pluſieurs hommes,il ſe cognoiſt autrefoys auoir eſté alleché du diable: Et de preſẽt ſe retourne á DIEV, par pœnitence.Mes freres éſtimõs nous,que ce-cy luy eſt aduenu d'vne grand crainte de cœur ? Que dirons nous: Si c'eſtoit vn mathématicien païen conuerti, ſe ſeroit grand ioye:& on pourroit penſer, que par telle conuerſion, il ſeroit ambitieux de l'honneur, & degré de cléricature. Ceſtuy eſt pœnitẽt, il ne cherche que miſericorde, il fault le recõmander aux yeulx de voſtre cœur:Aimez de cœur celuy que vous voyez. gardez-le de voz yeulx.voyez-le,conoiſſez le,& par tout ou il paſſera mõſtrezle aux autres, qui ne ſont icy: á celle fin que le ſeducteur,ne retire, & n'aſſiége ſon

ſon cœur. Ceſte diligence luy ſeruira de miſericorde. Gardez-vous notez bien ſa cõuerſion, regardez ſa vie paſſée, à celle-fin que par voſtre teſmoignage ſoit cõfirmée ſa conuerſion eſtre de DIEV, la rénommée de ſa vie, ne ſera celée, puis qu'il vous eſt ainſi offert à veoir, & auoir pitïé de luy,

SEC. XIIII.

. Vous ſçauez, qu'il eſt éſcrit aux actes des Apoſtres, que pluſieurs perdus, qui auoyẽt ſuiuy telz artz, & doctrines meſchantes, aporterẽt tous leurs liures aux Apoſtres, qui furent bruſlez en tel nombre: qu'il apartïendra á l'eſcripuain d'en ſçauoir la ſomme, & le pris. Ce-la eſt auenu pour la gloire de DIEV, à celle-fi. que ces perdus ne ſe deſ-eſperaſſent, de celuy, qui cognoiſt cherchér ce qui eſtoit per

Actes, 19. 19.

du:Dõc ceſtuy eſtoyt perdu,eſtant cherché,il eſt trouué:il aporte les liures à bruſlér, pour leſ-quelz il méritoit eſtre bruſlé:à celle-fĩ que iceulx mis au feu, il paſſe en rafreſchiſſement, SEC. XV.

Sachez fre res qu'il auoit demẽdé pœnitence, auant paſques: mais pour-ce que ſon art eſt ſuſpect de menſonge, & fallace, on á differé peur de fraulde. Et toutef-fois on l'a receü, craignant que plus dangereuſement il fuſt tenté. Priez Chriſt pour luy, & que l'oraiſon du Iour-d'huy à noſtre Seigneur DIEV,ſoit pour luy,Nous ſçauõs, & ſommes certains, que voſtre oraiſon effacera toutes ſes ĩpiétez. Le Seigneur auec vous. Iuſques icy,Sainct Auguſtin nous á mõſtré cõment les mathématiciens eſtoyent receüs á pœnitence, & non á deuiner,

deuiner, les choſes futures.

SEC. XVI.

Pour-ce que S. Auguſtin à dict que le pris des liures mentionnez par S. luc. act. 19. 19. eſtoit à l'arbitre de l'eſcriuain, l'éuangeliſte à eſcrit cinquante mille argents, c'eſt àſçauoir, ciſtophores, deniers, ou drachmes. laquelle ſomme ſi nous eſcoutõs Agricola, Budée, & Staniſlaus. qui ont eſcrit diligemmẽt de ce-cy reuient ſelon aucuns enuiron á neuf mille francs. Et ſi exactement nous prenons ces argẽtz, pour les ciſtophores aſiaticques: ſeront 4666. liures, 13. ſolz & 4. vnces. ſi nous diſons la ſomme ſe raporter à la drachme des grecs, ſont 7500 liures. En fin ſi nous prenons Deniers d'argent, comme à tourné noſtre commun interprete, ſont en ſomme 8750.

que qu'il en ſoit la ſomme ẽſtoit grande. Et touteſ-fois n'a empeſché, que telz liures ne fuſſent bruſiez. SEC. XVII.

4. Reg. 18. et, 19
10. 14. Senacherib, enuoya vne ſcandaleuſe, & iniurïeuſe épiſtre, contre la prouidence, & puiſſance, de DIEV, á Ezechias, mais le ſaige prince. ne la communicqua qu'á DIEV, qui chaſtïa diuinement les Caldéans, du tout á-donnez aux mathématiciens. Les Romanins ayans trouué les liures de Numa, qui parloyent du changement du ſeruice des dieux, les bruſlerent, aux champs Petilïans. Auſſi les Athéniens publicquement bruſlerent les liures de Dïagoras, & Prothagoras, car leur doctrine tendoit à l'athéïſme. Certes les Romains, Athéniens, & Païens, ſe leueront, en
math. 11 Iugement plus iuſtes que ceulx qui

ſe

ſe diſent Chréſtiens, qui ſe ſouci- 21. 22.
ent de la cauſe de DIEV, en tant 23. 24.
qu'ell'ſert à maintenir leurs affecti *Hierem*
ons, éſtat, & marmitte, . 2. 10.

SEC. XVIII

S.Epiphane teſmoigne que Aqui- *Epipha.*
la, (que aucuns nõment Onkæ- *libr,de*
los, premier interprete des ſain- *ponder.*
ctes éſcriptures, apres les, 72. & Ionathas filz d'vſiel) fut expulſé de l'Egliſe, pour-ce que des natiuitez, & genitures, il deuinoit l'heur, & mal-heur des hommes. Et au Iour-d huy nous voyons par telles gens, que les grands, purgent, & deuinent, les genitures, de leurs enfants pour faire montre generalle de toutes leurs aduentures, les Cananéans, & Païens, faiſoyent ainſi, par le feu, à leurs enfans, Et les Roys de Iuda, quand leur eſtat vint en decadãce. 2. *Paralipo.*

28.3.ce que DIEV, ha grand horreur, qui ne prosperera iamais l'estat de ceulx lá, qui vsent de telles praticques. Car dauand DIEV, ne sert de rien de dire, que lon n'y adiouste pas foy. Quand il defend de les hanter, ou commende les exterminer.

CHAP. IIII

Que tant s'en fault, que l'astrologie iudiciaire soit certaine, que mesmes, la phisicque est incertaine, en beaucoup de ses parties,

SEC. I.

Nous praticquons bien souuent beau-temps, ou les astrologues mettent pluïe, sáté au lieu de malladïe Et qui plus est aucunes-fois, ilz n'acordent de l'heure de l'Eclipse solaire, ou lunaire, mesmes ne cõuiennent au poinct de la nouuelle lune, par-quoy, ou leur science est vaine, & incertaine, ou eulx en sont

ſont ignorans : Car ilz ſe meſcontent ſouuent, comment donc es choſes plus ocultes, & dificilles, comme guerre, paix, mort d'vn tel prince, telle ruïne, d'vne telle ville, oſent ilz prononcer les fortunes ?

SEC. II.

Anaximander inſigne aſtrologue ſous Thales mileſien, affermoit que le ſoleil eſtoit vray feu, plus grand que la terre: Et que la lune n'auoit de ſoy aucune lumiere, Anaxagoras Clazomenien diſoit le ſoleil, eſtre vn fer ardant, ou vne pierre flamboyãte : plus large que le péloponeſe: par-quoy fut par les Athéniens condampné á mort, mais Pericles ſon diſciple fiſt tant pour luy, qu'il en fut quitte pour vn exil, Heraclitus Ephéſien diſoit que les éſtoilles éſtoyent barques cœleſtes, plaines de vapeurs, les

Lærtius lib. 2. 2

Lærtius lib. 9.

les vnes liquides, & grasses, d'ou venoit la lumiére, le Iour, le chault & le sec. Les autres vapeurs estoyent espois, & terrestres, & de la venoit, la nuict, les pluïes, & l'hiuer, Leücipus, d'Eleäte, par bien apparentes raisons prouuoit que le soleil estoit le plus hault des astres, comme le Roy de vie, & de lumiere. Et qu'il estoit enflãbé des éstoilles, qui sõt des estincelles & corps ĩdiuisibles qui se font par le souddaĩ mouuemẽt de l'vniuers, cõme quand deux meulles en se tournoyant subitement, & se touchãt, iectent des bluëttes de feu.

SEC. III.

Or entendu, que la substance des planettes, leur lieu, & naturelle operation, est en debat, entre les doctes de ceste science : on peult bien dire que la cõclusion des choses particuliére demeure biẽ plus

incertaine. Hyparque de nicie, à 3
escrit contre Platon, des éstoilles *Plato.*
fermes,& du mouuement de la lu- *lib. 10.*
ne; Et de son tẽps, à déprehendé,
vne nouuelle éstoille nõ cogneüe
au par-aduant. comme refere sa-
bel.lib. 8. chap. 8. Oénipode sin- 4
gulier astrologue dict que le grãd
an ne se faict qu'en. 49. ans, Mais
Methon lacédemoniẽ, le met en
19.ans.cõme réfere Aélien,lib,10.

SEC. IIII.

Nous lisons, que les Egyptiens
ont diligemmẽt obserué le cours, *Diodor.*
leuer, coucher, coniunction, & *libr. 2.*
influence, des astres. Mais en ge- *chap. 2.*
neral,& de pres: c'est á-sçauoir a-
pres auoir faict coniecture, & experience, des précedentes & prochaines années.Et pour-ce ilz ont
seullement predict les prochaines 5
comettes,malladies,tremblemẽtz
de

Aelian. de terre, vents, pluies, chaleurs,
libr. 13. déluges, stérillitez, ou fertillitez.
Plut. de Et bien souuẽt n'est ainsi aduenu:
Alcibi. On éscrit que Methon, par ceste
coniecture préueût la tempeste de
5 mer, dõc ne voulut estre chef des
nauires Athéniens, contre Saragousse.
Par-ce, la coniecture & experience est icy necessaire: car, ou
les astres ne contiennent pas, &
ne signifient asseurement, ce quell'
montrent. Ou bien les hommes ne
le peuuent bien comprendre & cõpasser.

SEC. V.

Origene, sur Genése Chap. 1. 14.
6 cõfesse que les astres signifient beaucoup de choses asseuremẽt, mais
personne n'y peult lire. Autrement, il aduiendroit asseurément,
ce que prédisent les Astrologues,
Que si la conference, & experience, des prochaines années n'estoit
necessaire,

necessaire, les Egyptiens eussent prédict de loing, aussi bien que Ioseph. la famine, & sterilité, Et les Caldéens eussent prédict les changementz des Royaulmes, & autres aduentures, aussi bien que Daniel, & les prophettes: Ce qu'ilz n'ont peü. Et quand ilz ont prédict, il n'est aduenu comme ilz disoyent, selon les causes naturelles: Car ce qu'ilz disent DIEV, par dessus, n'est que pour excuser leur imposture, quand il n'aduient, ce qu'ilz ont prédict : comme si DIEV, besoignoit extra-ordinairement, & faisoit expressemēt miracle pour les faire mentir, SEC. VI.

Hermes le grand, & Athlante, qui pour sa science, á ésté dict porter le Ciël: Aussi Endymion amy de la lune, pour en auoir aucunement depréhendé le cours: n'ont

Diodor. libr. 1. chap. 3.

poinct

poinct traicté de ces effectz tyranicques aux natiuitez humaines. ny de l'effect asseuré, sur quelque terre. Nous lisons que Sulpicius Gallus, docte astrologe, lieutenãt

Vale.lib 9.ch.11. de Lelie Paul, general pour les Romains, en l'armée contre le Roy Persa: la nuict de deuant la bataille voyant les soldatz éstonnez de l'Eclipse de lune, leur remonstra, que ce-la éstoit naturel, par l'interposition de la terre & le soleil, & la lune, qu'elle duroit, selon la quãtité de lopposition, de l'vn á l'aultre: & que celle du soleil au contraire ne se faict qu'en la cõiunction l'vn de l'autre, par-ce, ce-la ne nuist que à ceulx qui en ont pœur, comme persa, & ses soldatz: De-

Philost. in Heroi. la les Romains resolus vainquirẽt. De mesme façõ, Palamedes asseuré astrologue enseigna les grecs, ne

ne craindre l'Eclipse de Soleil, car elle est naturelle. Autant en fist Thales, à ceux de Millet, & comme on luy reprochoir que son sçauoir éstoit in-vtille, il achapta abundance d'oliues, préuoyant la cherté qui en seroit l'an sequent. Et pour-ce il les reuendit, & gaigna beau-coup. Or tout ce-la n'est dificille, ny particulier car la prudence, & expérience de plusieurs marchans l'a souuent bien deuiné sans astrologie.

Herod. libur. 1. Laertius libu. 1. Fulg. libu. 8. chap. 10

SEC. VII.

8 Certes si prédire les aduẽtures humaines, les actions futures, & la fin, cõme meschamment deuinent noz astromates, éstoit vne science qu'on peult sçauoir, il n'est point vray-semblable, que les plus insignes philosophes, comme Socrates, Platon, Hypocrates, Aristote, Galen,

Galen, & semblables n'en eussent sceü, & parlé. Car ce qu'ilz traictét des mathématicques n'à rien de semblable à ceulx qui disent la bonne aduenture. Et telles choses ne vallét rien aux bonnes mœurs, comme dict Aristote: Car ell' n'ont louable élection, & chois, auec iugement, & bonne fin.

Arist. lib. 3 rhetor. cap. 19

SETION VIII.

9 Si l'astrologie iudiciaire èstoit vne vraye science, pour-quoy est-ce que les Republiques bien ordonnées, ne l'ont retenue: veü qu'ell' l'eur estoit tant commode, pour se múnir, croistre, defendre, maintenir, & enrichir? Comment est-ce, que les Caldéans, & Egyptiens, qui en ont faict si grãd éstat, sont venuz en pareilz mal-heurs, que les autres prouinces?

10 Si c'est vne vraye science, pour-quoy les

Iuïfz

Iuïfz luy donnent il autres principes, que les Caldéans Et les Syriens, que les Latins? A-quoy ont ilz 11.
recours aux experiences, veü que les conclusions doiuent estre éuidentes de leurs principes: Et les experiences qu'ilz prétẽdent sont bien souuent repugnantes.

SECTION. IX.

Ceux qui ont traictè de l'astrologie, ne conuiennent du nombre des Cieulx: de l'ordre des planettes, & espheres: ny de l'espace discrett e, en la quelle ilz se mouuent Ilz ne s'acordent semblablement des deux diuers mouuemẽtz & ne peuuent du tout comprendre le mouuement tremblant. Et toutesfois ce-la déuroit estre résolu: si l'astrologie éstoit assurées. Et qui 12.
plus est Apetragus singulier astrologue asseure qu'il y á au Ciël plu- 13.

Lib. 14. cap. 1. ſieurs mouuemens non encores cogneüz:ce que confirme Phauorin en Aulugele, Iehan de montroyal, inſigne aſtrologue entre les Alemans, qui-à trouué nouueau calcul, pour les éphémerides ayãt
14, confuté la théorie de Gerard de Crémonne, teſmoigne que le cours de Mars, nous eſt encores incogneü:cõment donc en dict on la ſcience eſtre certaine.

SCE. X

Dauantage, puiſ-que aux corps
15. cœleſtes, on ne met, que vne lumiere, à chaſcun, au lieu de quatre qualités premiere, Chault, Froid, Sec, & Humide, comment ont ilz en eux formelemẽt diuers effectz, ſans auoir éſgard à la propre natu
16. re du ſubiect. Auſſi n'y à il doubte que les figures, & Images des éſtoilles fixes ſont plus faciles à cognoiſtre,

gnoiſtre, que leur nature, & influence. Et toutes-fois, les plus doctes aſtrologues ne ſ'en acordẽt, pourquoy donc dict on que ceſte ſcience eſt certaine? Rabbi leui, doc 17
tiſſime aſtrologue, demonſtre expreſſement qu'on ne peult depréhender aſſeurement l'inſtant auquel le Soleil entre es poincts æquinoctiaux. ce que toutes-fois ſeroit tres-éuident, ſi l'aſtrologie éſtoit ſciẽce à nous bien cogneüe.

SEC. XI.

S'il aduient ce que ont dict les 18
aſtrologues, ilz ſ'eſiouïſſent refere
Ciceron, & á-lors font valoir leur *Cicero.*
ſcience, comme certaine. Mais ſ'il *libro, 2.*
eſchet autremẽt, ilz excuſẽt, qu'ilz *de diui,*
ſ'eſtoyent méſcontez. Auſſi qu'il y-à tant de cauſes ſeccondes, coöpérantes, que on ne les peuit aſſeurement, & aiſement reſouldre.

19. Toutes-fois Diögenes le'ſtoïcië & aucuns doctes perſonnages, comme Socrates. ont aduoüé, qu'on pouuoit deuiner, coniecturer, & dire probablemët,á-quoy vn enfant éſtoit le plus apte, & enclin: non ſes fortunes,non par l'horoſcope de ſa geniture, ains apres auoir bien cogneü ſes parens ſon temperament, la quantité,& qualité de ſes humeurs,ſon éducation, ſes viandes,ſa diſcipline,ſon éſtude, ſon amour, ſes m'œurs, l'eſtat des choſes, ſa honte,ſon apréhenſion,la region, l'amour de religiõ, & la véhemence de ſes éſpritz: & non pas le cours des aſtres,

SEC. XII.

Les mathématiciens, enſeignët
20. que les natiuitez, ſont moderez par le mouuement lunaire, ſelon l'accez, & reculement des planettes,

tes, des ſignes, éſtoilles,& des Cieux. Or il eſt certain que les poĩctz
de c'eſt accez, ou reculement, ne
peult eſtre aſſeuremẽt cogneü, tãt
pour la grande diſtance d'ïcy là,&
entre deux, que pour la diſpute
deſdicts mouuemẽtz, par-quoy il
n'y en á, ny ne peult auoir aucune
ſcience, poſé ores, que ces feintes
influences, fuſſent vrais, Auſſi DI-
EV, les prophetes, l'Egliſe, & les 21
Empereurs, n'euſſent iamais con-
dempné, l'art, de deuiner, les choſes futures, ſi ce euſt eſté vne vraye
ſcience, Et pour-ce dict Corneille
tacit. Les mathématiciens ſont vn
meſchant genre d'hõmes, deſ-loy-
aux aux Princes, decepueurs de
ceulx, qui y adiouſtent foy, Il eſt
touſ-jours prohibé de noſtre ville, mais il n'en eſt iamais du tout
chaſſé.

SEC. XIII.

22 On ne péult nier, que ſouuent, les
fortunes, & aduentures ſont diuer
ſes, á deux enfãtz conceüz, & nez
ſous vn meſme horoſcope. Par-
quoy telle ſcience eſt faulſe, ou biẽ
n'eſt encores cogneüe. Il eſt tout
23 cogneü, que les aſtres ne donnent
point vng deluge general égale-
mẽt. Si toutef-fois à quelque choſe elle conferent, c'eſt á tel effect.
C'eſt choſe merueilleuſe, que ſeulement ſur les hommes ell' ont éſ-
galement l' influence vniuerſelle.
24 Certes, il n'eſt vray ſemblable, que
DIEV, ſouuerainement bon, euſt
ainſi exẽplairement puny, & chaſ-
tié, les profeſſeurs, & fauteurs de
c'eſt art, ſi c'euſt eſté vne vraye ſci
ence. Zoroäſte, Aeſculape, Phara-
ö, Pompée, Craſſe, Cœſar, Iulien
l'apoſtat, & ſemblables no⁹ en font
foy. SEC. XIIII.

Aéſculape

Aésculape, Democrite, Corneil 25
le Celse, Archigenes, Hypocrates
Aristote, Galen, & autres philosophes, & doctes medecins, enseignent que bien souuent, les enfans
tirent de leurs geniteurs, leur forme, maintïen, mouuementz, infir-
mitez, & temperamentz. Et que
les astres ne peuuent empescher,
qu'il ne soit ladre, verollé, ou debille, selon la condition des geniteurs. Et qui plus est, les mesmes 26
autheurs, montrent que le temperament de l'homme se change naturellement, & artificiellement: cõ
me, par norriture: exercice, mutation de lieu, temperie de l'ær assem
blée d'humeurs, Ce qui ne seroit
si les astres nous bailloyent santé,
ou malladies, selon l'horoscope,
comme feignent les mathématici
ens. CHAP. V.

Que la saincte parolle de DIEV. condempne l'astrologie. Iudiciaire.

SEC. I.

Vn vray Chrestien ne auroit à-faire, de ce que nous auons dict, si non pour se munir contre l'impiete qui regne, pour la-quelle rembarrer plus abondammēt. Ie mettray en aduant, certains passaiges de la. S. éscriture, DIEV, dict Esaye. 44. 45. C'est moy qui enfrein les signes des Badins. Et qui tourne les deuins en fureur, Conuertissant les saiges au rebours: & faisant leur science estre folle. Icy DIEV, nomme les signes des genesiologues, & leur science badinage, vaine perdiction, & fureur, renuersement de sa sagesse, pure folie, Il casse tout, quand euidemment on voit venir au contraire: ou autrement, qu'il ne auoyent predict. A-lors,

lors, certes il aparoist, qu'ilz ne sont que badins, comme porte la diction hébraïque.

SEC. II,

En autre lieu le prophete reproche aux grands, qui auoyent creü les mathématiciens, qu'ilz sont venus á néant, & le succes de leurs afaires à nid de chien. Car dict il, *Iesayay. 47.13.* tu tes trouuée courte en la multitude de tes conseilz. maintenant que les éspions du Ciël viennent en auant, & ceulx qui contemplēt les éstoilles. Et cognoissans les moys, ou deuinans selon les lunes, pour te annoncer les choses futures, DIEV, en ces parolles montre expressement, que les mathématiciens, & astrologues, ne peuuent par les astres prédire les choses futures, Car ce que on en peult prédire est par le don de prophétie,

Ou

Ou par raiſons manifeſtes, ou par coniectures, priſes de l'éſtat, & ſucces des choſes inferieures. Et non par les aſtres qui ne monſtrent aſſeurement ce-la : ou ſi elles enſeignent ce-la, les hommes n'en ont certaine ſcience : Car il ne c'eſt trouué homme iuſques au Iourd'huy, qui n'y ait ordinairement failli: SEC. III.

Au temps de Hieremie, les liures & éſcoles des mathématiciens iudiciaires eſtoyent en Iuda: & parce
Ierem. diſoit. Ne aprenés point ſelon
10.2. l'nſtitution des gentilz, & ne craignés point les ſignes du Ciël : car ſont les païens qui les craignent. Perſonne ne doit doubter, que DIEV, n'ait dõné cognoiſſance de foy, & des bons arts, & ſciences á Adam: & à ſa poſterité: Mais petit á petit les hõmes ont mal vſé de ce qui

qui auoit esté bien ordonné. Entre autres les Babyloniens, & Egytiēs ont esté tāt curieux obseruateurs des astres, qu'ilz ont dict beaucoup de paradoxes. De-la ilz ont compassé leur estat tant aux choses heureuses, que contraires. De-la ilz astablissoyent lheur, & malheur d'vn chascun. Les Iuifz auoyent aprins par sucession de temps, à l'imitation de ceux cy, de ne tenir grand conte des Iugemētz de DIEV, & n'a-subiectir leur guerre leur paix, leur estat, & alliance á la parolle de DIEV, si-non d'autāt qu'ell'aidoit à maintenir leur éstat combien qu'ilz fussent extresmement craintifz, & non-chalans en tout remuement, donc Il aduenoit que eux assopissoyent tellemētvn mal qu'ilz donnoyent argument d'en faire sourdre vn plus grand:

Car

Car ſur toutes choſes ilz vouloyent maintenir leur eſtat ſans reformation, & leurs actions ſelon la prudence du monde, & enſuiuant en partïe. l'opinion de leurs aſtrologues. SEC. IIII.

Si quel-qu'vn denonçoit la ruïne du péuple, la miſere du prince, & mutatiõ de l'eſtat par les aſtres, ou pour l'ayde des Egyptiens, ou Caldéans. Ilz auoyent vne telle pœur, qu'ilz laiſſoyent la punition des maulx, la defence du bien, & promettoyent à vn chaſcun de faire á ſa fantaiſie enuers DIEV, au moyen qu'il ne touchaſt à leur tẽporel. Et quelque choſe que diſoyent les prophetes, & gens d'eſprit, n'en tenoyent conte, Ains diſoyent, que voules vous que nous faſſions, ne voyez vovs pas les Roys d'Iſraël, qui en ont ainſi faict, pour ſe maintenir : ne craignez vous poinct que les Caldéens, & Egypti ens, ſe iectent ſur nous, qui ne pou uons viure en paix, ſi-non que tous viennent adorer en Hieruſalem, comme noz peres. Et nõ es haults lieux à-part SEC. V.

Ce-cy par ſucceſſion de temps, & par l'aucthorité des faictz-ne-ants, print tel progrez, qu'en Hie-ruſalem meſme le vray ſeruice de DIEV, fut changé. Et DIEV, mit á-néant la poſterité de Dauid, par la nonchalance de la-quelle ſon ſeruice & éſgliſe auoyent éſte mis erriere. Mais aduant que ce-la ad-uint il donnoit charge aux prophe tes de les aduertir. dõc Hieremie diſoit. Vous qui eſtes le Royaulme du ſeigneur, ne penſes pas mainte-nir voſtre éſtat à la façon des éſ-trangers, ny à l'opinion des aſtro-

logues,

logues, Car ma loy, & la vertu de voz maieurs, & non leurs defaulx vous sōt pour reigle. Ne craignés point les aſtres, ne ſuïuéz pas ce qui vous ſemble propre á vous maintenir, cōme les éſtrāgers, vo⁹ auez ma loy, ne vous gouuernés point en vn éſtat à piéce de ma loy de la façon des éſtrangers, ou politicques, & d'aſtrologie, Car ce-la n'aura dureé. SEC. VI.

Sachez donc ſ'il y-a quelque proſperité, c'eſt de la bonté de DIEV, & non de voz faictz, qui meritent tout le contraire, S'il y a quelque aduerſité, c'eſt de la iuſtice de DIEV, & non de l'influence des aſtres. Car voſtre façon de commander eſt inique. Et les aſtres ne ſont mauuais. Vous laiſſez voz ſubiectz, en la puïſſance des ennemis de DIEV, & d'eux: pour les rendre miserables quand ilz vouldront. Comme Ramot Galaad en faict foy. C'est vn aduertissement aux autres de se garder, peur d'estre redigez par vostre nonchalance en pareille condition. Vous n'aduisez pas, que vous licenciez vn chascun de ne se laisser plus trõper par promesses sans effect : & asseurance.

SEC. VII.

Ne craignez poinct les astres, cõme si leur leuer, coucher, influence, cours, position, aspect, coniunction, ou éleuation, faisoit quelque chose au changemẽt, ou maintien de vostre estat. Car tout vient de DIEV : & si nostre prosperite, ou mal-heur venoit, ou no⁹ estoit montré, par les astres, asseurement, qu'il les faudroit craindre, & redoubter, comme certains instrumentz de nostre bonne, ou

mauuaise

mauluaiſe aduenture . Attendu donc, qu'il n'en fault tenir conte: Tout-ce que on deuine par les horoſcopes, n'eſt que badinaige, & impieté. SEC. VIII.

Sont ſignes pour remonſtrer le merueilleux ordre, & artifice de DIEV, en nature: à diſtinguer les heures, les iours, les moys, & les ſaiſons. Et qui plus eſt, les proches & generaulx effect, qui ſ'enſuyuent communemenr, par le ſeruice de leur cours ſur les elementz, & corps élementaires, ſelon que par leur propre temperament, ou par artifice ilz ſont diſpoſez, á recepuoir, ou repouſſer, l'action cœleſte. & quiconque les tire ailleurs comme en particulier, & par aſſeurance. il peruertiſt lordre de nature, auec les caldéans, & Egyptiens. C'eſt donc abus de dire, le ſoleil

en

en vn tel ſigné, ſignifie, la mort d'vn filz vnicque. Et ſoubz vn tel, c'eſt proſperité. Semblablement prédire la paix, ou la guerre, le ſucces des affaires, ou le changement d'eſtat, par les aſtres eſt impieté. Car tout ce-la deſpend de la prouidence de DIEV, de l'arbitre des hommes, & des cauſes particuliéres, qui ne ſont ſubiectes à noſtre ſens. Et tout ce qu'on en peult dire, vient d'vne prudence aduiſée, & non des aſtres. Comme ſi quelqu'vn diſoit: Les princes aſſeurément d'vne part & d'aultre, veullēt garder la paix, faicte l'an 1577. Mais il n'eſt bien certain combien elle durera: Certes ce-la ce voit mieux, par les actions humaines, ſucces, & maintïen de leur eſtat d'vne part, & d'autre, & par les faueurs, & faictz du paſſé, qui nous ont aprins pour l'aduenir, qu'il ne peult par le mouuemēt des aſtres.

SEC, IX.

L'influence des aſtres, eſt phiſicque, & non imaginaire, comme reſuent aucuns mathématiciens. Et meſmes nous eſt īcertaine: Car nous voyōs ſouuent aduenir peſte, famine, déluges, guerre, que les aſtres n'en montroyent rien. Ou que noz aſtrologues ny voyent rien, non plus que ceulx d'Egypte, en la famine predicte par Ioſeph: non plus que les Babyloniens, ſur les perſonnes, & eſtat, de Nabuchodonoſor, & de Balthaſar, Au contraire, quelque foys, les aſtres nous menacēt fort ſelon leurs pronoſticatiōs, & horoſcopes: & tout nous eſt proſpere: Par-quoy ou la menace des aſtres, eſt ſouuent vaine & badine, ou bien ilz ſont aſniers,

ers,& imposteurs n'y pouuans lire asseurement, Et qui plus combien que la nature, l'influēce, & le cours des Estoilles soit tous-iours vniforme, toutes-fois les hyuers, chāgemēs, & saisons, ne sont par chascun semblables : à celle-fin que nous n'attribuons au corps de nature plus qu'il apartient. Ains que nous sachions qu'il n'y á humain entendement tant subtil, qui puïsse par le cours des astres asseurement resouldre les effectz communs, & generaulx. Tant s'en fault donc qu'il puïsse dire, en particulier les aduentures, qui sont hors des limites de nature iraisōnable, comme la paix en ceste region, la guerre ailleurs, la mort d'vn tel.

SEC. X.

On peult toutes-fois par prudēce, experience, conference, de l'vne chose à l'aultre, comme par les diuines cõminations, l'estat du Royaulme, iugement du prince, & de ceulx qui manient ses affaires, par l'opinion, & passion des ennemis, & subiectz : coniecturer, & deuiner, pres, ou enuiron, le succes des afaires : & le danger ou elles sont. Comme on dict que fist. M.I. Thibault insigne astrologue, au grand Roy Françoys. comme il c'est acõply, & acomplira, á mon aduis, de iour, en iour, sans regarder aux astres. Et en ce-cy gist la meilleure partïe, de ceux, qui deuinét les choses futures. Attendu donc que les démons, & mathématiciẽs y sont fort stillez. Ilz ioignent ce-la aux feintes influences, dont ilz tirent leurs plus asseurées prédictions, & non des astres. comme ilz taschent à donner á entẽdre, pour se rendre d'autant d'autant plus admirables, qu'ilz ſemblent monter au Ciël.

SEC. XI.

Ie veulx preſẽtement monſtrer, que prudence, flaterie, diuin Iugement & cauſes ocultes, font aduenir, ce qui auoit eſté prédict, & non aucune raiſon, qui ſoit aux aſtres, Comme, quand Octauius fut né: Nigidius le potïer grand aſtrologue diſt, le Seigneur de la terre eſt né, Car voyãt Iules Cæſar ſon oncle ſans enfans: & qu'il aymoit bien parfaictement ſa mere: & qu'il auoit eſleué leur famille, á la dignite de merie: Cæſar n'auoit ſi prochain, & propre ſucceſſeur, que c'eſt Octauiẽ ſon nepueu, qu'il adopta pour ceſte cauſe, & fiſt ſon heritïer. Donc il ne failloit lire au Ciël pour deuiner cela. De meſme façon, Taruntius ma

Suéton. de octa. cap. 94

Plutarque in vita Romul. thématicien au temps de varro philosophe, ayāt regardé, les heures de la conception, & naissance de Romulus, l'estat du peuple, l'estude, & les mœurs de luy, & de son frere, deuina le succes. Certes il ne fault regarder aux astres, à celuy qui prudemmēt tire le consequēt de l'antecedant. Autant est il d'vn astrologue, qui prédist á Rodolphe, conte de haspurg, qu'il seroit Empereur, Car la prudēce, de ce prince, l'affection des Electeurs enuers luy, monstroyent cela plus asseurement que les astres.

Cuspinian in Cæsar.

SEC. XII.

dion in Augu. Apres que trasilius mathématicien eut entendu, des nouuelles de Rome, & qu'il veit l'apareil d'vn nauire venant de Rome à Rhodes, il predist á Tyberė, qu'auguste le retiroit de son exil. Le mesme trasilius

Fulg. lib. 8. cap. 11.

silius cognoissant la meschanceté de Tybere, estoit, triste principalement s'il n'y auoit que eux deux. Car il le craignoit: Or il ne fault lire aux astres pour se defier d'vn meschãt, qui nous veult mal, Telles choses, & semblables, sont incõsideréement attribuez á la prediction des astres, combien qu'elles sont d'ailleurs.

SEC. XIII.

Les mathématiciens furent banniz de Rome, par Vitelle, apres qu'il eut vaincu Octo. Et leur fut assigne certain temps pour sortir d'ytalie, Mais ilz dirent: l'Empereur nous à dõné si bõ terme, qu'il sortira de ce monde, auant que nous vuydions l'italie, Or ce-la n'estoit dificille, à deuiner: car son Empire n'estoit encores asseuré. Et plaisoit à bien peu, faisoit tout sãs *Xiphilin in vitell.*

conseil, & y auoit grandes entré-
prinses contre luy. Certes ce-la monstroit sa vie, en dangier, & ses edictz de peu d'effect sans regarder au Ciël, Vn quidam refere (ie ne sçay si de verité.) que Paul pape troisiesme, predict au seigneur Aloysio, qu'il se donnast garde: vn certain Iour, & vn certain temps, aultrement il estoit mort, comme il aduint. Certes ce-la ce sçauoit aisement, sans contépler les astres, en cognoissant l'humeur des plaisantains, & le moyen, & l'oportunité, contre ledict Aloysio.

Selidan. lib.19. commēt.

SEC. XIIII.

Nous voyons bien les folz à l'aduenture, predire choses qui aduiennent. Et les saiges, par vne prudence, & coniecture, par ainsi ce n'est pas grand cas, s'il aduenoit ce que le deuin auroit predict, Mes-

mes

mes quelques-fois aduient ce que lon á predict en ce mocquant, ou bien aduient ce que on á predict, combien que on l'entendit aultrement. Mais pour tout ce-la, on ne dira pas, que telle deuinerie, ou coniecture, soit science, Par-quoy les astrologues, sont importuns de colliger certaine sciēce, par quelques aduentures. Sulla, prėdict á Galligula, qu'en brief il seroit tué, Mais cogneü les ligues contre luy, n'estoit besoing en prendre cõseil á la lune: Tybere, prėdict à Galba, qu'il gousteroit de l'Empire. Certes, c'estoyent parolles pl' de desir & amitiė, que de prophetie. Seuere pertinax predist, qu'il ne reuiendroit d'Angleterre, Mais sõ dėspit & mescontentement d'y aller fut acomply. Les flatteurs disent qu'il n'aduint rien á Adrien, qu'il n'eust prėueü.

Fulgo. lib. 8. cap. 11. Sabell. lib. 23.

préueü. S'il eſt vray, il n'eſt pas impoſſible, á vn homme bien aduiſé ſans en demender aux éſtoilles, auoir préueü, & eſté heureux iuſques-la,

SEC. XV.

Bernar. Schard. lib. 3. hiſt patau. claſſ. 13.

Bernard, en ſon hiſtoire de Padouë raconte que Iehan le bon ſingulier mathématicien, apres auoir veü les mauuaiſes mœurs de Nicolas mal-trauerſin. Et qu'il hãtoit dict il le chien Scaliger, prediſt au Seigneur Guy ſon pere, que il ſeroit treſ-dãgereux bourgeoys ce qu'il fut, conſpirant auec ledict porte-eſchalle, contre ſa patrie. Ce-la ce pouuoit bien preſager ſans ſonder, les ſecretz lunaires.

Fulg. lib. 8. chap. 11. Volate. lib. 21. Egnat lib 8. cha. 11.

Auſſi ce que Guyon bonate diſt à Guy cõte de Mont-ferrat, d'agreſſer ſes ennemis au deſpourueü, & qu'il ſeroit bleſſé en vne cuiſſe, toutes-fois victorieux, ce qui aduint,

Or pour coniecturer ce-la il n'estoit besoing de mõter aux Cieulx Autãt est il de Tybert, qui predist á Guy Guerre, qu'il seroit tué de son amy, ce qui aduint. Et ce-la n'estoit cœleste, Car Pandulphe tyran d'Arimini s'estant persuädé, que ledict Guerre, entreprenoit contre son estat, le fist morir, Le mesme Tybert prédist audict Pandulphe, qu'il seroit exilé, & laissé de tous comme il aduint. Ce qui n'estoit tant dificille à prédire attendu l'estat ou estoyent les choses. Scriboni° prédist à Liuie, mere de Tybere Cœsar, qu'ell'auroit vn filz, & non vne fille, ce qui aduint. Mais qu'il n'auroit point le diademe, ce qui fut faulx. Par-ainsi c'est grand ignorãce d'atribuer l'aduẽture des choses futures, aux astres, veü qu'elle vient d'ailleurs.

Sabell. lib. 1. cap 1. de exẽ.

SEC. XVI.

Si les aſtres auoyent ces vicieuſes actions, ou inclinations meſchantes, d'homicide, luxure, larcin, Idolatrie, & hereſie, DIEV, autheur d'icelles éſtoilles ſeroit puniſſable d'auoir faict choſes mauuaiſes. Et les planettes deburoyẽt eſtre puniz, comme le diable incitant à mal, Auſſi DIEV, n'auroit pas faict toutes choſes tres-bonne : Et telle tyrannie repugne à l'eſtat parfaict d'innocẽce, ſous Adam. Par-quoy les aſtres ne ſinifient l'homicide, ne l'incline directement, & ne le faict faire. Ains ſeullement beſoigne ſelon la condiction de la cauſe ſeconde.

SEC. XVII.

Si les actions, & aduentures dépendent des aſtres, il les fault craĩdre eſpreſ-que autant que DIEV, Car ſi les planettes ſinifient, ou effectuent

effectuent quelque des-astre, DIEV, ne pourroit empescher, sans peruertir à tous propoz l'ordre de nature, Aussi est-ce grand cas, que la S. Escriture, traictãt abundamment de la crainte de DIEV, n'à enseigné à le craindre: Car il empeche les sinistres effects des astres. Ains dict tout aucontraire. Parquoy les faiseurs d'horoscopes, pour prédire les prosperités, aduersités, vie, & mort, des hommes, Car le soleil estoit en la teste de tel signe, La lune en la queuë, Iupiter en telle maison. Et ainsi des autres, sont badins, & imposteurs.

SCE. XVIII.

Ces rustres presagent non seullement de-la naissãce, de l'Année, du Moys, du Iour, ou de l'heure, du bon, ou mauuais succes, & yssue de ceste expedition, ou negoce, Mais aussi

aussi ilz de finissent de chacun moment. disans. s'il bataille dauant mydi, il est vaincu, Si apres il est vaincqueur. C'est grand cas, que son horoscope natal ēportoit triumphe:&l'horoscope fatal,de son action, luy engendre mal-encontre.Et á l'oposite la genese de cestui-cy mal-heureux,á esté peruertïe, par le destin heureux à l'actiō. Et ainsi leurs horoscopes souuent sont menteurs, & contraires, Et qui plus est, cy cestuï-cy deuoit morir ē tel tēps, d'vne telle mort, pour-quoy trauaille il de l'éuader. S'il la peult éuader cōmēt estoit elle necessaire' Si elle n'est poinct necessaire,cōmēt mect on ce-la au rāg des sciēces. SEC. XIX.

Dieu nous á declaré, pour-quoy les signes estoyent au Ciël : Mais iamais n'à voulu, que ce fust pour reigler

reigler noz actions, ains il á laissé ce-la á la raison,& á la saison, & non à la feincte tyrãnie de l'astre: On á tous-iours atribué les victoires,& vaillances à DIEV, & aux hommes: la perte des batailles à l'indiscretion des hommes: & non aux astres. C'est donc vne resuerie de pẽser, que les planettes en sont cause. Que si le badinage des Genethliacques à lieu, nous ne debuons attribuer les vertus aux hõmes. ny á DIEV: Mais aux corps cœlestes. Nous reiecterons noz pechez sur les astres. Les benefices, & punitiõs diuines seront attribuées aux planettes,& non à la bonté,& prouidence de DIEV,

SEC. XX.

Si la vanité des astromores occupe l'esprit humain, La foy que nous auons en DIEV, pour lamininistration de l'vniuers sera à néãt, ou abastardie, piété, inuocation, le diuin Iugement, le lieu des peines, ou des salaires, ne sera reputé comme il apartient. Car si l'influence des astres est ainsi cause de tout naturellement. C'est bien la raison de leur attribuer, & les en recognoistre, & non DIEV, qui ne faict rien, que par leur mercy: Autrement il leur feroit violance, puis que leur naturel est tel.

SEC. XXI.

Les astrologues Caldéans, & Egytiēs, á qui mieux-mieux, se promettoyent vn noueau & ample Empire, ce que oyans, les miserables iuifz, craignoyent, & perdoyēt courage, disans, il sera ainsi: Car le Ciël l'á monstré á leurs. mathématiciēs. Par ainsi il ne craignoyent de faire paix, & aliances, au preiudice

preiudice de l'onneur de DIEV: & au des-honneur de leur debuoir. Et les prophettes disoyent, il n'y á point de paix: elle ne durera pas. *Hierem.* 6.14. *ac* 8.11. Car les hommes tiënent plus de conte de leur regne, & estat, que de celuy de DIEV, vne guerre assoupie de telle façon, en trame vne plus dangereuse, á telz faicts-néäts, aus-quelz ce qu'ilz craignent aduiendra. Car ilz ont mis erriere les iugemens de DIEV, duquel ilz tiënent tout.

Esay 48 22. *et.* 57. 2. *Ezechie.* 13. 10. 2 *paralip.* 19. 2. 3. *reg.* 22. 44. 45. 11. 50.

SEC. XXII.

Les Prophettes aduertissoyent les Iuifs, que les maulx venoyent de leurs pechez, & non des planettes. Par-ce qu'ilz debuoyent sçauoir que leur prosperité venoit de la misericorde de DIEV, & leur aduersité estoit destinée de DIEV, en punition de leurs execrables pechez. Car si les astres estoyēt maul uais de leur nature, comme faulsement ils pensoyent: DIEV, est si bon, & ayme tant la pœnitence, qu'il empescheroit tout le malheur, pour l'amour de ceulx, qui se retournent à luy. Aultrement, il n'eust pas dict, qu'il ne falloit point craindre les astres.

CHAPITRE VI.

De la badinerie des Genesiologues & de la vertu des astres.

SEC. I.

Les mathématiciēs font profession par l'horoscope d'vn homme de deuiner tout, L'horoscope se lon qu'ilz badinent cōtient en soy huict parties principales. Premierement, la vie, qui est presagée par l'anathole, ou orient: C'est à dire, par le signe ascendant sur l'orizon de celuy, qui n'aist au monde. Le gond

gond ſegond eſt duſſis,pour les richeſſes,& eſperance,C'eſt à dire le ſigne couchant, au regard du lieu, ou n'aiſt l'enfãt.Le troiſieſme fondement du preſage eſt, le meſſouraniòn,pour les freres,C'eſt à dire le milieu, & hault du Ciël, ou ſe trouue vn ſigne, qu'ãd l'enfãt viẽt au monde,Le quatrieſme gond de l'horoſcope,eſt hupogueion, pour le pere,& mere, C'eſt à dire, ſigne infime, en la natiuité: ce-la faict, pour deuiner des enfans, & poſterité,qu'il aura: En cinquieſme lieu prẽnent le ſecond ſigne aſcendant apres l'horoſcope,Apres ils nottẽt le Sixieſme ſigne oppoſé,à l'ocidantal:& de-la ilz deuinẽt la ſanté & maladie. Au ſeptïeſme lieu ilz cotẽplent, l'huictieſme ſigne diſtant du meſſouranion,pour babiller du mariage, & celibat. En fin ilz deuinent la mort, par le dousiesme signe. Et en ce faisant ilz laissent quatre signes du Ciël, au zodiacque 10° vuïdes, pour y loger ce qui n'aduiendra pas. Or voi-la le sommaire, du secret des plus doctes, en ces fatras, comme Materne firmicque le plus ieune natif de Sicille, au temps d'Auguste, & Marc mannilie d'Antioche.

SEC. II.

Les autres, comme Arcandam, ne laissent point de maisons intermediates vuïdes, ains ilz prennent les huict signes selon l'ordre qu'elle sont situés au zodiacque, commençant au signe predominant à la natiuité. Exemple, Aries, le premier, Taurus, le second, Gemini, le troisiesme. Cancer, le quatriesme, Leo, le cinquiesme. Virgo, le sixiesme, Libra, le septiesme. Scorpio, le huict le huictiesme. Or ilz en laissent quatre vuïdes, C'est à sçauoir, Le neufiesme, Sagitarius, Le dixiesme Capricornus, Le vnziesme, Aquarius, Le douziesme Pisces. Aduenant que Taurus soit le signe ascendant pour la destinée : Gemini sera le second: Et ainsi des autres, par ordre. Ceux-cy ne prennent la peine de mettre. 180. degrez entre le signe leuant, & le signe couchāt, comme les precedens. Ains ilz deuinent par l'aduenture des lettres du nom de l'enfant, & du nom de de la mere, toutes les aduentures dudict enfant. Ilz babillent grands cas d'vn chascun signe voire, qui bien souuent sont repugnantes.

SEC. III.

Aucûns disent, la lune est au signe d'Aries, ne tonds ton chef: Elle estant en Taurus, plante, seme, En

Gemini la lune te deſend d'eſtre ſaigné. Si elle eſt au Cancre, rongne tes ongles. La lune au lyon te deſend prendre medecine. En libra la lune ne te permect auoir à faire á ta fẽme. Au ſigne de virgo tout eſt bon. En Scorpius ne naiges point. Coupe tes membres, la lune reſidẽt au Sagitaire. En Aquarius tout eſt licite. La lune au Signe de Piſces te deſẽd medeciner tes pieds. En vn mot il n'y-a rien de bon ſi la lune eſt marquée d'vn ſiniſtre aſpect. Mais que diront ilz. Car les autres planettes bons, & mauuais, entrẽt, & ſortent, en toutes heures, en chaſcun ſigne, pourquoy dõc font ilz la lune ſeule tãt grand maiſtreſſe. Et qui plus eſt: les planettes tiẽnẽt ſiege, es ſignes par chaſque inſtant. Et le changẽt auſsi, á chaſcun moment, ſelon la diui-

diuiſion des douze ſignes, en trẽte parties pour chaſcune heure. Secõdement les planettes ſont es ſignes par chaſcun iour, Troiſieſmemẽt ilz y ſont chaſcun par certaine eſpace de temps: ſelon leur propre cours. y-a il donc raiſon de dire que c'eſt inſtant ruinera toute lautre vertu? Et ſi Saturne gaſte tous les autres planettes, cõme ilz diſent: que ferons nous? Et ſi les effectz des aſtres n'aduiennent pas touſ-iours au iour, & heure, qu'ilz monſtrent, comme ilz tiẽnent reſolu, Comme quand vn bon ſigne eſchet, quand & vn mauuais, pour quoy nous menaſſent ilz tant, de ce qui n'eſt certain? ou n'aduient pas? Que ſi Mars au ſeptieſme lieu de l'horoſcope, ou tirant à l'occident, faict l'homme meurdrier, & expoſé á pluſieurs dangers, car tel *firmicus* ſigne eſt ardãt, violãt, & ſanglant, que font les autres bons ſignes?

SEC. IIII.

Guillel, parhi. prima, parte de vniuerſo. Les autres traictent les horoſcopes en general : & diſent que Noé ſceüt le déluge par l'eſprit de prophetie, & par les reigles d'Aſtrologie. Car vn peu au par-auant *Aliacus lib. queſt in geneſ. ac de ſectis & legibus.* le déluge, il y euſt vne inſigne con iunction de planettes. & éſtoilles humides, froids, pluuieux, & tempeſtatifz, qui sont nommez *Cataractæ cœli. Gen. 7. 11.* C'eſt á dire, *Item de concord. theolog. & Aſtrolog.* les canaux du Ciël. des planettes, comme, Mars, Venus, & la Lune. des Eſtoilles, comme, les Ourſes, Huades, orion. Et des ſignes, cõme Cancer, Piſces, Aquarius, Ceulx-la ſelon leur opinion adminiſtrerent le déluge, & non DIEV, & les pechez. Henry de malignes inſigne aſtrologue. diſciple de Albert

le grãd

le grand:en ses commentaires, sur les coniunctions de Albumasar:& Tibert le calabrois, disent, que le deluge vint de la coniunction, de Iupiter, & saturne, en la derniere partïe de Cancer, vis à vis de la nauire du laboureur. Or le docte Hierosme armelin, de l'ordre de S. Dominique, á mõstré que telles propositions, estoyent faulses, & heretiques donc ie ne m'amuseray à redire ces raisons.

SEC. V.

Il semble à ouir ces messieurs, que Noé de son temps estoit garni de leur sotte astrologie acquaticque,Et certes s'il l'eust euë,elle luy eust esté cõmune,& a plusieurs autres,qui eussēt remedié au deluge: Facillemēt noé se fust faict croire de son dire, & n'eust esté de besoing de reuelation diuine, pour monstrer qne le deluge seroit, six vingts ans apres, la predictipn. Ie m'eston ne que DIEV, ne rēuoya Noe aux astres: Et pourquoy il allegua le peché cause de ce-la? Ilz seroient bien aise de nous faire à croyre, que Noé á esté souillé de leurs beueriés. Et ne considerent pas qu il n'y-a tesmoignage propre de leur imposture, sur la probité de Noé.

SEC. VI.

Aliacus in genesin. & Albertus. in speculo. si sit eius.

De mesme estoc, ilz afferment. que six ans deuant la Natiuité de nostre Seigneur, y eust coniunction, de Mars, & de Saturne, á la derniére partïe du Cancer, qui presageoit, vne grãde mutation de Religion. Item la Natiuité de nostre Seigneur, qui fut l'an, 42. de l'Empire d'Octauien, l'huictiesme, calēde de Ianuier, à my-nuict, au poīct du Solstice d'hiuer. Eut pour son horoscope,

roſcope, ſelon leur calcul, le huicti eſme partie du ſigne de virgo, aſcendant. Saturne tenoit le hault du Ciël. Et le ſoleil le bas: qui mõſtroyent l'excellence du perſonnage, tellement que l'aſtrologie de ces gens icy ſeruiroit bien contre les infidelles, ſelon leur aduis, Et n'eſtimẽt pas que pluſieurs autres nez ſous tel horoſcope, ont eſté petilz compaignõs, comme les noncroyans pourroyent aiſement monſtrer.

SEC. VII.

La derniere bouticque de ces gẽs icy, dict, que celuy qui eſt né, en la coniunction de mercure, & ſaturne, au ſigne d'Aquarius, ayãt le ſigne de Gemini, pour ſon aſcendant, & Iupiter tenant le bas du Ciël, en la neufieſme maiſon du Ciël, ſera inſigne prophete, & illuſtré de grands miracles. Et feignẽt,

que

que tel à esté.l'horoscope de nostre Seigneur: au preiudice de ceulx que nous auons peü dauant alleguer. Ilz enseignent que celuy, qui aura la Lune, & Iupiter conioinctz en la queuë du Dragon, Impetrera thresors, sciences, puissances, adulteres, homicides, & tout ce qu'il demandera. Et s'il á Iupiter ioinct au lyon, son ame sera heureuse, en l'autre monde. Que s'il est né, sous la coniunction du Soleil auec Iupiter. Il sera fidelle enuers DIEV, & les hommes, voire mesmes sondera les choses secrettes, & pensées humaines. De télle impieté part que Mars, à esté cause du bruslement de Sodome. Et non DIEV, pour leurs pechez. Mais si tout cela est vray, que n'auons nous vne multitude d'insignes prophetes, riches, & faiseurs de miracles: atten

du

du qu'il y en à tant, qui naiſſent ſous ſes horoſcopes la? A tout cela ilz ont certaines fictions, qu'ilz nomment exceptions, qu'ilz gardent es quatre maiſons du Ciël, qui leur demeurent vuïdes á chaſcun horoſcope.

SEC. VIII.

Non contens de telles impietez adiouſtent que Iupiter ſe conioignant à Saturne fiſt la Religion de Moyſe. Par-quoy Moyſe bien cogneü en tel art, dédia le Sabmedy, à Saturne, Or ie m'eſtonne qu'il laiſſa le grand Iupiter, ſans luy dedier le Ieudy. Attendu qu'il eſt le pere des dieux, & des religions ſelon les aſtrologues. Iupiter Royal auec le ioyeux Mercure, ont baſti la Religion chreſtïenne. Et pource elle eſt Royalle, & tient les hõmes contens. Iupiter & Mars, ont

faict

faict celle des Caldéans, & pource ardente: Iupiter, & le Soleil, ont basty celle des Egiptiens, & pource vigoureuse, & animale, Iupiter auec venus á basty celle des turcqs Et par-ce charnelle, & rusée. Iupiter conioint à la Lune batist celle de l'antechrist, des heréticques, & schismaticques. Et pour-ce volaige, & furieuse. voyla le sommaire, du secret, des horoscopes, lesquelz, vn bon chrestien, ne peult ouyr, ny lire, sans horreur de leur impiéte. en qu'elque façon qu'ilz deguiseut leurs fables, soit en significations seullement, soit en inclination, soit en necessite. Car le tout est faulx, & meschant.

SEC. IX.

Attendu que la religion Romaine, celle d'Athenes, de Lacedemone, de Crette, & de Carthge: ont este

este non-moins celebres, que la Caldeane, Mahometaine, & Aegyptienne. C'est grãd cas qu'elles n'ont poinct eü d'astres influans, & predominans. Telles religions ont precede la Garazine,& par-ce deburoyent auoir eü conjonctions efficiëts. Dauãtaige. il ne se peult nier,que telles conjonctions n'ayent esté plusieurs autres-foys, que n'en ont ellez donc basty de semblables, ou maintenu, ou dilaté, L'ægiptienne,& Caldeane, qui ne subsistent plus?

SEC. X.

Personne ne peult nier, que les astres, ne soyẽt en hault espars en l'estendue du firmament, (1) pour Gen. 1.
diuiser le Iour,& la nuict,(2) Pour 14 15.
par leur cours, & qualitez diuiser G.n. 8.
& àmenér les saisons diuerses, & 22. dent
oportunes á toute creature elemẽ 4. 19.
taire. Psal. 135

7.8. Ec taire, non pas pour effectuer paix,
cles 33. ou guerre, comme l'a faucement
7. dict vn quidam nommé Françoys
liberati, en vne lettre pleine de mẽ
songe (desrobée d'une Epistre de
Cardan á Iehan hamulthon Escos
sois) qu'il enuoyoit á vn gentil-
homme, C'est vne grand iniure
aux Catholicques tenir telz Impo
steurs, ou hereticques aupres d'eux
ou de leurs familles, ou de daigner
recepuoir leur fatras. (3) Troisiesmement les Estoilles sont pour
luïre en l'estẽdue cœleste, (4) Oultre pour Illuminer la terre. (5) Dauantaige pour seruir à toute per-
Psalm. sonne. (6) En fin á celle intention,
103.19 que par leur particuliere vertu,
20.21. & benefice de lumiere, il viuifient
22.23. fœcundent, esiouïssent, & fortifi-
24.25. ent toutes les choses elementaires
26. pour mieux exercer leurs functi-
ons

ons. Et ainsi les Cieux racomptent la gloire de DIEV, psal. 19. 1. Et ce verifie sa sentence genes. 1. 31. Il à veü tout ce qu'il auoit faict. Et il estoit tres-bon. Asseurement que celuy, qui exactemēt cognoistroit, ses six phisicques proprietez des astres, & les proportions de leurs operations, ensemble, ou à part, Et le temperament particulier d'vne chascune chose inferieure (pourroit pronosticquer doctement, ce que lon ne faict que coniecturer apparemment) Ce que homme ne sçait, Et comment le sçauroit on? veü que le cours des planettes, poinctz de leurs conjunctions, Images, & ephemerides, ou actions Iournales, ne sont exactement cogneüs, comme ceux qui liront Ptolomée, Aratus, Aegineta, Aetius, Pitacus, Henry de malignes, Iehan du mont-royal. Gerard de cremonne, Tibert Calabr͜ys. Sterin, Cyprian léonitius, & Stadius: nous accorderont plus façilement, que de les accorder entre eux. Ce n'eſt donc grand merueille, ſi fort ſouuent ſemeſcontent, es eſtudes non exactement aſſeurez.

SEC. XI.

Toutef-fois la commune opinion eſt que Saturne, le plus hault des planettes, faict ſon cours en trẽte ans: & eſt en ſon particulier froid & glacial. Iupiter paracheue ſon cours en douze ans, & eſt temperé: car il eſt entre Saturne froid, & Mars qui eſt chault. Mars eſt ardant, & acheue ſon cours en deux ans, ſi on en reſcinde enuiron ſix Iours. Le Soleil parfaict ſon cours en vn an, C'eſt a ſçauoir en 365. Iours. 5 heures, 9 minutes. Venus vient

vient apres grand planette, & tellement cler, qu'il porte vmbre, Et consumme son cours. en 548. Iours. ne se esloignant du Soleil plus de 46. degretz. Mercure petit de corps entre les planettes accõplist son cours en, 339. Et ne s'esloigne du Soleil guiere plus de 23. degrez. Et pour-ce, est appellé Stilbon: c'est adire, Radiant comme voisin du Soleil. La Lune acheue son cours en 27. Iours, auec la troiziesme partie d'un Iour, c'est à dire huict heures: & puys demeure enuiron deux Iours auec le Soleil: & apres paroist au 30. Iour. Elle prend sa clarte du Soleil, comme quand il bat sur vne eau. Elle se conioinct douze foys l'an, auec le Soleil. elle resoult les humeurs que le Soleil consummeroit par sa chaleur.

SEC. XII.

Ces planettes endurent Eclipſe, comme le Soleil. ce qui ce faict ſeulement en la conjunction de la lune, & du ſoleil, Car la lune eſtãt diametralement ſoubz le Soleil, empeſche ſa clarte. la Lune auſſy eſt ſeulement Eclipſée, eſtant à lopposite du ſoleil, c'eſt à ſçauoir enuiron Le.15.ou 16.Iour de la lune: Et ce par l'interpoſition de la terre, faiſant vmbre entre ces deux planettes, Par aĩſy Leclypſe de ſoleil qui ce feiſt en la paſſion de noſtre Seigneur. fut grandement miraculeuſe. Car ce fut enuiron la pleine lune, Ou Iamays naturellene ce peult faire l'Eclipſe de ſoleil Ains ſeulement celle de la lune, Auſſy elle dura troys heures: ce qui ne aduient ſans miracle. Et puis elle fut generalle.

Math.27.45.Dioniſ.Epiſtola ad Policarp

carp Lucianus presbiter Antiochenus, lib. 9. Apolog. pro christia. Ex cronicis gentilium notissimis. Euseb. ex Ruf. lib. 9. cap 6, Eccl. Hist. Et in Cronic. anno. 18. Tiberij cæsaris. Euthinius, & Theophilac. in Math. 27. Suidas in lexico. cap. 6.

Phlegon. lib. 14 Olimpiade. 202. Chrysost. homeli. 89. in Math. Pachimeres in Epist. 10. Dionisij. Augusti. lib. 2. de mirab. sacræ scrip. cap. 3.

Et non seullement en Iudée comme Erasme, apres Origene à estimé. Car la façon de parler.

Exod. 10. 22. & Math. 27. 45. sont diuerses, Et les autheurs sacrez & prophanes Icy dessus recitez, tesmoignent du contraire, Et encores pose le cas, que les autheurs prophanes ne fissent mention de l'Eclipse, Et tremblement aduenu en la passion de nostre Seigneur, Il ne s'ensuiuroit pas, qu'il ne fust vni

Ecclesia. 46.5. uersel. comme l'arrest du Soleil, & de la Lune, *Iosué* 10.12.13. Et le recu lement sous Ezechias, Iesaiay. 38. 8. Desqu'elz toutesfois les prophanes, n'ont faict mention. Ce fut grand miracle que hors la conionc tion du Soleil. & de la Lune vint l'Eclipse, Car le Soleil estoit au 10. degre. d'Aries. & la Lune au 10. de gre, de libra tout à l'opposite, Et *d. dionys epist. ad. policarp.* que le Soleil fut obscurcj premierement en la partie orientalle, tout au contraire de l'Eclipse naturelle, & d'autant fut merueilleux lordre de son illumination.

SEC. XIII.

Vn vray chrestien peult confesser es astres aussi bien deux actions, ou vertuz. phisicques, comme deux cours: La premiere puissance est commune, & generalle, à cause de la lumiere, par laquelle il

fortifie,

fortifie, purge, viuifie, & illumine, selon la quantité de la lumiere, qu'il à. Et ainsi le soleil est plus vigoreux, que les aultres planettes. Car il à plus de lumiere, la Seconde puissance est vne vertu particuliere en vn chascun Astre d'eschaufer, humecter, refroidir, desseicher, ou temperer plus ou moins les choses inferieures selon leur disposition, & temperament. Par ainsi nous cõfessons que les astres ont vertu d'immuer leur propre temperament à diuerses qualitez, & passions sensuelles, non aux actions libres, ny fatalles. Donc Saturne ne faict, & n'incline aucnn à estre meschãt, & malicieux, n'y Iupiter á estre religieux, prophete, & merueilleux. Ny Mars à estre meurdrier, ou brigand, Ny le Soleil á estre Roy, ou maistre. Ny Venus à eſtre laſcif. N'y Mercure à eſtre moc queur. Ny la Lune à eſtre hazardeux, & fat, par vne deſtinée fatale Car il n'y à autre deſtinée ſur les creatures, que la volonté de Dieu, adminiſtrant toutes choſes ſelon leur naturel treſ-ſagemẽt. Laquelle volõté ne nous eſt cogneüe que par la parolle, par raiſon euidẽte, ou par ſes effectz, & non par le cours ou influence des aſtres, qui ſont ſeulement pour ſeruir, accommoder, & ayder vne chaſcune creature inferieure, ſelon ſon particulier temperament & humeur.

SEC. XIIII.

De ce-cy il eſt euidẽt que le medecin, qui iuge immediatement ſelon l'habitude du tẽperament d'vn chaſcũ en particulier eſt bien plus digne, & plus certain que l'aſtrologue, qui en iuge par l'influence de l'aſtre, qui eſt vne cauſe generalle, en ſoy indeterminée, & de la quelle la vertu eſt limittée, par la diſpoſition du temperament d'vn chaſcun en particulier. Par ainſi tant ſ'en faut qu'on peüt iuger des actions fatalles d'vn chaſcun, en particulier par les coſtellations, que meſmes es actions phiſicques, particulieres, il n'ya rien plus general & indeterminé, que ce qu'on en peut cõiecturer par l'aſtrologie, cõme tous vrais philoſophes facillement m'accorderõt. Ce que donc eſt aduenu à Cæſar auant que les Calendes fuſſent paſſées, & autres telles aduentures, ſe cognoiſſoit mieulx par l'eſtat, & diſpoſitiõ des choſes, que lon coniecturoit que non pas par les aſtres, Mais c'eſt la ruſe de ſathan de faindre deuiner par les planettes, ce qu'il preſage,

&

& collige de l'estat des choses precedentes, aux subsequentes.

SEC. XV.

Nous ne voulons pas toutes-fois nier les douze signes au zodiacque, ou les sept planettes sortent, entrēt vn chacun & se conioigent d'vn merueilleux artifice, comme dict Ptolomée. 1. *part. quadripart. cap.* 18. comme en leurs maisons, & familles, pour effectuer icy bas diuers effectz par leurs qualitez tant communes, que particulieres, selon la disposition des choses d'en bas. Car les signes sont en qualitez simbolizans auec les quatre Elemētz, Aries, Leo, & Sagitarius auec le feu, Ardās, Rudes, & tempestueux. Gemini, Libra, & Aquarius, cōuiennent auec l'aer, chauds, & humides & pour ce putrefactis. Cācer, Scorpius, & Pisces, simpatissent auec

l'eau.

l'eau, froidz & humides. Taurus, Virgo, & Capricorn⁹, ſimbolliſent auec la terre, en froideur & ſeche-reſſe, Et tous enſemble ſimpatiſſēt pour effectuer chaſcune Heure, Iour, & Moys, An, & ſaiſon, d'admirables effetz par leurs qualitez phiſiques, & non fatalles deſquelles ilz n'ōt aucune influēce. Mais nous ne accordons ce qu'ilz babillent des douze maiſons du Ciël ſelon douze ſignes. & particions triãgles entre les deux quarez. deſquelles maiſons il y en á quatre angulieres, & fortes, C'eſt a-ſçauoir Aries (1) Cancer (4) Libra (7) & Capricorne (10) Il y en a quatre ſuccedentes ou mediocres, a-ſçauoir, Taurus (2) Leo (5) Scorpius (8) & Aquarius (11) Il y en a quatre autres chéantes, ou debiles, C'eſt a-ſçauoir, Gemini (3) Virgo (9) & Piſ ces (12) á cause que l'operation phisicque des planettes est diuerse selon la situation. Nous accordons que Leo, est aucunement la maison du Soleil. Cancer de la Lune, Gemini, & Virgo, de Mercure. Taurus, & Libra, de Venus, Aries & Scorpio, de Mars. Pisces & Sagitarius, de Iupiter. Aquarius, & Capricorne, de Saturne, Damascen. lib. (2) orthod. fid. cap. (7) Car les planettes & telz Signes simbolisent en semblables qualitez phisiques, & sont en lieux propres à mieux executer leurs effectz sur les choses inferieures bien disposées a les recepuoir. Et principallement du Soleil, & de la lune, desquelz comme les corps, & lumiere sont plus grands. Et le cours plus euident. Aussi les effects sont plus forts, & certains, s'ilz ne sont empeschez

par

par le temperament, & particuliere nature des choses elementes. Et pour-ce du corps humain ne sçauroyent faire vn Chéual, ny en figure, ny en force, Et d'vne semence debile, & mal temperée, n'en peuuent tirer qu'vn effect debille. De mesme raison nous acordons, qu'il est licite de diuiser les signes aucunes-fois en trois partïes, aucunes-fois en deux, selon la position des Estoilles, qui sont diuersemēt situées enleurs images, Les vnes en la teste, les autres au Corps ou au vētre, les autres en la queuë: Car ce-la faict pour fortifier, debiliter, ou temperer, es choses Inferieures leurs actions phisicques, de Chaut, humide, Froid, & Sec, selon l'habitude du temperament de la chose élementée, qui reçoit l'influence naturelle, & non fatalle

Car

Car les Influences, fatalles, pour les destinées sont pures Impietez, & resueries, qui ne peuuent estre monstrées par aucune raison diuine, ou humaine. Aussi n'y a il rien plus pernicieux, que d'en tenir conte. SEC. XVI.

Selon les qualitez elementaires, nous aduouöns leur operation & qu'ilz simbolizent auec certaines regions, comme Gemini. chaut, & humide, debile, & toutes-fois amyable, auec la Normandie. Cancer. froid. & humide, auec la Picardie, Taurus, froid, & sec. à la Flandre. & ainsi des aultres de mesme façō chascun signe simbolize auec chascune partïe de l'homme. comme Aries, à la teste, & par-ce chaude, & seiche, sy-non que quelque incident empeschast son naturel Pisces aux pieds. & ainsi des dix autres

tres. ſelon les douzé parties du Corps. principales, auant que venir à l'anathomie d'vne chaſcune en particulier. Par-quoy les parties auec les-quelles ilz ſimboliſẽt, ou repugnẽt, en ſont corroborées, debilitées, alterées, ou temperées, ſelon la diſpoſitiõ du membre recepuãt. Donc il ſ'enſuit que Aries, eſtant en ſon aſcendãt le membre à luy attemperé eſt fortifié ſelon ſon temperament pour recepuoir l'influẽce phiſicque. Et que le fruict né la deſſous, ſera fort, & robuſte. Mais quand aux impreſſions, ou inclinations fatales Aries. n'y faict riẽ, non plus que les aultres ſigues.

SEC. XVII.

C'eſt donc Impieté de dire celuy qui ira de-hors vn tel iour ſera heureux, Tel en ſon marché vn tel Iour gaignera, vn tel Iour mal-heu

reux

reux à chemin où à noces. Car il faut planter, & semer, marchander & faire ses besoignes selon la raison, & saison, & non selon la destinée des planettes, comme dict Pliue. *lib.* 18. *cap.* 27. Car c'est vne resuerie. Aussi voyõs nous les laboureurs, marchans, & guerriers faire par prudence, experience, saison, & occasion, tres-bien leurs affaires sans aucune cognoissance. des songes, & destinées astronomicques, Et au cõtraire ces lunaticques mathematiciens sont le plus souuent, Cornars, & mal-heureux aux affaires de leur main.

SEC. XVIII.

Math. 6. 2. 3. Nostre Seigneur á dict en l'Euangille, qu'il ya certains signes au Ciël dont lon coniecture, le beau-temps, ou la tempeste. comme le Ciël Rouge au soir est argument

ment de beau-temps le lẽdemain. Et le Ciël luysant auec tristesse, presagist tempeste. Quãd le Soleil se couvre vers l'occident, c'est argumẽt d'vne guilée froide, & soudaine. Et quãd le vent est au midy c'est signe de chault. Aristote, & Virgile, enseignẽt, que si le Soleil à son leuer, & son coucher est lumineux, ou si les ventz viennent du costé du Soleil, signifie beau-tẽps. Si le Soleil à son leuer est aucunement obscurcy d'vne nuée argument de pluïe: Si ses rayons sont pasles, c'est signe de gresle. S'il est blesme à son coucher, c'est presage de pluïe. S'il est rouge que feu, sõt predictiõs de ventz. S'il à diuerses couleurs meslez auec rougeur, argument de tempestes.

SEC XIX.

La nouuelle lune estant noire, & in Virgil. geor.

obſcure annunce des pluïes. Si elle eſt rouge, argument d'auoir des ventz. Si le quatrieſme iour elle eſt claire, & a les cornes aguz, elle predict beau-tẽps. Telles ſont les preſages prins des actions des animaulx, cõme Chats, Chiens, Poiſſons, Grenoilles, Hõmes, Oyſeaux & autres animaulx, leſ-quelz par la diſpoſition des humeurs, & actions de leurs corps, preſagent les choſes futures, par-ce qu'ilz ſimbo liſent en qualitez, auec le Ciël, & elementz.

SEC. XX.

Il y a d'autres ſignes preſageans cõmunemẽt certains cas : cõme le feu tumbãt du Ciël, ſignifie deſolations, ſeditions, & peſtilences: Vne comette, argumẽt de mortalité, & de grands chaleurs : Les eſtoilles apparoiſſantes de iour, preſage

ſage de guerre. Mõſtres preſagent grãds maux: Grands vents, prediſent traïſons, & ſeditiõs, Tremblemens de terre, ſignifient guerres, famines, & peſtes, Vn cercle à l'entour du Soleil demonſtre ſechereſſe future, pluralité de Soleils, preſagent diuiſiõs, & deluges. Et ainſi de pluſieurs autres telles con iectures. Toutef-fois, comme ces ſignes ne ſont arguments certains des effectz, ſubſequents: ainſi les effects ſe trouuent bien ſouuent, ſans que telz ſignes ayẽt precedé. Et tels ſignes paroiſſent pluſieurs-fois ſans que les ſuſdicts effectz enſuiuent.

CHAPITRE VII.

De la vertu des Aſtres ſelon Sainct Auguſtin, & les Docteurs Scholaſtiques.

SEC. I.

Si nous voulons au long referer tout ce q; .S. Augustin & les Scholasticques disent, contre les destinées, qu'ont trouvé les meschants Astrologues, dont il auoyēt ensorcelé le mōde, nous serions ennuieux. Et pour-ce nous en dirōs sommairement. Les Astrologues ont pensé que la prouidence diuine ne passoit point en bas le Ciël lunaire Iob. 22. 14. Dont les Astres d'estimoyent de toutes choses elementaires, sans la volōté de Dieu. Car les Dieux estoyēt aussi subietz aux destinées fatales des Astres. Parquoy, cōme recite Homere illiad. 16. Iupiter ne peut empescher, que Patrocle ne tuast Sarpedon, son filz bien aymé : Car les destinées fatales l'auoyent ainsi ordōné. De mesme façon Neptune ne peüt empescher le retour d'Vlysses en son païs

Aug. lib. 5. de ciuit. dei cap. 1. 2. 3. 4. 5. 6 7. damas cen. lib. 2. cap. 7. Scolasti. lib. 2. Sē ten. dis. 7. ac. 13. et. 14. d. thome. lib. 1. sē ten. dist. 38. artic 5. et lib. 2. dist. 13 artic. 3. et dist. 15. arti. 1. ac. 2. et contra gentes.

païs. comme raconte Ouide *lib.13. methamorpho.* & *Homere Odiss.* 10. Combien que ledict Neptune voulust tuer ledict Vlysses: à cause qu'il auoit enyuré de vin noir, & aueuglé Polypheme, filz de Neptune, Car ledict Poliphene, au paraduãt auoit deuoré quatre des compaignõs dudict Vlysses: Telz estoyent leurs Dieux, leurs Astres, & leurs impietez.

lib 3. capit. 32. ac. 64. et 2. de cœlo. lec. 10 ac lib. de fato. & de iudiciis astron. cõmune creance des payẽs

SEC. II.

Les Chrestiens ont ce-la en horreur, car il repugne à la prouidẽce de Dieu, & a son omnipotẽce. Aussi Dieu est miserable d'estre subiect aux destinées fatales: & les Astres sont plus grands que luy, Car il font la Loy necessaire, mesmes a Dieu, Aussi il ne fault seruir, n'y innocquer Dieu, puis qu'il n'a puissance sur nous, qu'il n'a soing de nous & qu'il ne decrete rien pour nous, & qu'il ne peult no° deliurer des destinées. Par-quoy il n'est pas Dieu, Donc les gẽtilz ont mõstré, que ceulx qu'ilz adoroyent n'estoyent point proprement Dieux, ains esclaues soubz la destinée des astres. Que si ce-la à lieu il ne fault trauailler à destourner nostre propre destinée: ce que Ptolomée ægyptien de peluse, dict en son Almageste : C'est a dire au liure qui traicte p̃faictemẽt des mouuemẽs cœlestes. Car nous ne le sçaurions euiter. Par-quoy tout vice, ou vertu, ou autre action doit estre reiectée sur les Astres.

Claudius. ptolome. lib 13 Almagest. qui est vltim

SEC. III.

Aucuns ont estimé que Dieu, & les astres prædominoyent necessairement la destinée d'vne chascune créature inferieure, quand

uxa

aux aduenementz violantz, tellemẽt toutes-fois qu'il y auoit aucunes actiõs moderées icy bas desquelles les Astres n'auoyẽt rien ordonné par necessité. Ains estoyẽt demeurez en la volõté des Dieux & liberté des hommes. Et en telle maniere fault entendre le dire de Claude Ptolomée. que le sage dominera aux astres : & destournenera leurs destinées. C'est à sçauoir en aucuns œuures non violantz, esquelz l'industrie humaine, & ayde des Dieux sert beaucoup. En c'este opinion ont esté cõmunemẽt, & sont les Apotelesmates, C'est adire deuinãs le futur par horoscope. Comme Ptolomée pelusien, Iullie firmique sicilien, Materne manilie antiochien, & noz rauaudeurs du iour-d'huy, quelque bonne-mine qu'ilz facent à Dieu,

cõmune opinion des astrologues.

& aux hõmes. Or ilz n'aperçoiuẽt point que la puissance,& prouidence diuine sont mes-partis,& enfergées, car il peult en vn cas, & non en l'autre cõme ilz disent. Au contraire s'il peult par tout, mais il ne veult pas, il fault reuenir a la volonté de Dieu, & non aux astres. Que si l'acte est mauuais & meschant, il le fault reiecter sur Dieu, comme disoit le Roy Agamenon, Ie n'en suis cause, ains Iupiter,& la déesse de necessité. Ce qui est excecrable, mesmes aux paiens. Or voi-la la consequence de la faulce Astrologie.

Homere

SEC. IIII.

Plato. lib. 10. de repu.

Les Platoniciẽs, & Stoïciens ayans veü les deux opinions precedentes estre meschantes, & ireligieuses, ont enseigné, que les astres estoyẽt subiectes a Dieu, combien toutes-

cõmune opinion

toutef-fois que les deſtinées ce faiſoyent par les aſtres, non-obſtant que Dieu, peult empeſcher telles deſtinées ſ'il luy plaiſt: & ſi nous y voullons trauailler. A c'eſte opiniõ ce raporte le cõmun babil de noz Aſtrologues, qui pour ſauuer leur ignorãce, & impoſture, es choſes qu'ilz ont predict: combien que elle n'aduiennent point: Dieu, eſt par ſus tout. Autãt q; ſ'il diſoyent, Nous auons predict vray, & les aſtres auſſi: mais Dieu, ſ'en eſt meſlé & a tout renuerſé, pour nous faire trouuer menteurs.

des premiers platonians

SEC. V.

Si les deſtinées ſe font par les Aſtres, & DIEV n'y interuiẽt poinct. Il n'eſt pas DIEV, en tout, & par tout: puiſ-que il ne ſe meſle de tout. Que ſi on dict, qu'il à reſigné telle puiſſance aux aſtres, il eſt de

beſoing

besoing, que quelqu'vn, les adresse autrement il n'y auroit point d'ordre, Or celuj qui les destine à ordonner l'homicide fatal, est premier autheur du mal. Et pour-ce ne le fault rejecter sur les hômes pour les en Iuger, & punir. Que si les Astres l'auoyent tellement ordonné, que l'hôme ne le pouuoit empescher, ce n'estoit point fatum: combien que les Astres inclinans á ce peche seroyent de la nature du mal, du diable, & de la concupissance. Et pour-ce meschans par création, ce qui repugne á la bonté de DIEV, ou par œuure comme Satan & Adam: qui par action ont offencé: ce que nous ne pouuons dire des astres. Par-quoy les planettes ne font aucunemẽt les destinées des humains.

SEC. VI.

Aucuns

Aucuns voyans, que telle opini on redõdoit à l'iniure du créateur ont dict, que quand aux fatales destinées les Astres ne les font poinct, & n'y inclinent point. Ains les signifient seulement, combien que telle signification, ne puisse es planettes estre leuë d'aucune personne, Et que ce que l'on en list, est incertaine, & ne se peult par raison demonstrer. Telle á esté la sentence d'origene, comme refere S. Eusebe. lib. 6. de la preparat. euangil. chap. 9. A ceste sentence les Platoniciens suïuans ou combatans les Chrestiens se sont incli nez, comme Plotin, Calcide, Senecque, & Porphire. Or attendu que nous ne voyons point les Astres nous signifier chault, ou froid, qu'elle ne l'effectuent. Aussi fault il conclure, puis-qne elle n'effectuẽt rien

cõmune opinion des posterieurs. platoniz.

Origen. in gens. cap. 1. 14 procopius Gäza sur gene refute origene. aussi faist. s. Augu.

lib.5.de civit. cap. 1.

rien fatal, ainsi ne signifient elle rien. Dauantage, attẽdu que telles destinées ne sont que fables, Il ne fault estimer que les Planettes les signifient. Car rien n'est destiné, que selon sa propre condition libre, ou naturelle Autremẽt DIEV, peruertiroit le naturel, l'ordre & la fin d'vne chascune chose, qu'il á tres-bien faicte Gen. 1. 31.

SEC. VII.

Hypocra Possidoni Rhodiẽ.

Sainct Augustin raconte, que Hypocrates voyant deux gemeaux, ensemble mallades ensemble gueriz, attribua ce-la au mesme temperamẽt, alteration, & mouuement d'humeurs, de viandes, d'aër & d'exercice. Mais Possidonius stoïciẽ l'attribua aux astres de leur conception, & naissance, que S. Aug. estime estre faicte toute à vn coup. comme nous lisons de Thamar,

mar, Genes. 38. Hypon, & Empedocles disent ce-la aduenir pour l'abondance de semence genitale. Asclepiade l'atribue à la vertu occulte en la semẽce. Mais les Stoïciens, & Erasistrate, tiennent que les gemeaux sont conceüz á deux fois. Pline dict que ce-la est aduenu de son tẽps. lib. 7. *cap.* 11. Aristote enseigue que ce-la peult aduenir lib. 4. *de venerat. Animal. cap.* 5. *Et lib.* 7. *hist. animal. Cap*: 4. Posedõt que les vterins soyent cõceüs tout á vn coup. D'ou vient que Iacob, & Esaü : Phares, & Zara : Procles, & Cyrestes : ont esté tant diuers, presque en toutes choses. Car mesme position d'astres leur deuoit engendrer semblable apotelesme. L'vn aucunes-fois est hõme : L'autre est femme, vne religieuse, L'autre gendarme. L'vne vit long tẽps, & en-

& en misere, L'autre vit peu, & en ioye, Nous y voyons vne multitude de telz inconueniens qui monstrent l'imposture de l'horoscope.

SEC VIII.

Nigidius le Potïer *de puncto horo scopo*. Et Claude ptolomée au commencement de son, *premier apotelesmate*, C'est à dire de l'effect de l'horoscope. Disent que la diuersité entre les bessons prouient de l'espace, qui interuient entre leurs naissances, Par-quoy il s'y trouue diuerse position d'Estoilles. qui cause les diuerses aduentures. Or s'il est ainsi, cõment est-ce, que ces deux enfans, dont parle Possidonius Rhodien ayans diuerses constellations, estoyent ensemble mallades, gueriz, faschez, & ioyeux? Cõment voyons nous mesme condition á ceux qui sont nez ſoubz diuerſes poſitiõs de planettes, Que ſi l'horoſcope eſt faict en atome, & ripe, C'eſt à dire en vn moment, & ſubit clin d'œil, comment eſt-ce qu'ilz le cognoiſſent ſi bien? Cõment aſſeurẽt ilz cela veü q; les aſtres n'operẽt pas touſiours quand elles le monſtrent? Auſſi leur influence, comme dict Pline, *lib. 2. chap. 97.* eſt plus tardiue, que noſtre veuë á la diſcerner. Le babil donc de l'operation ripeé, ou ſubite, eſt impoſture, Et qui plus eſt la naiſſance d'vn enfant, ne ſe faict qu'en diuers moments. Et par-ce il auroit diuers horoſcopes. Et pour-quoy le nomment ilz horoſcope, C'eſt à dire inſpection d'heure, veü que c'eſt inſpection du moment. Et pour-ce le deburoyent nommer Ripeſcope ou Atomeſcope, Pourquoy les aſtres ont elle plus de vigueur en la natiuité, qu'en la conceptiõn, & es aultres actions humaines, Pourquoy plus-tost sur les hommes, que sur les aultres animaux, Comment est-ce pue si pettite distance entre aucunes naissances, aporte tãt grãde diuersité, que nous voyons aduenir. Et au contraire grande, & diuerse position d'Estoilles entre aucuns amenne souuent mesmes aduentures? Que si ma destinée fatalle en ma naissance, me presageoit auoir enfant lourdault, & mal cõditionné, C'est folie aux mathématiciens de m'eslire des Iours de noces, & heures pour faire enfãtz insignes. Car l'vn repugne à l'autre.

SEC. IX.

Si la duiersité de sexe, mœurs, vie, fortune, & cõditiõs des enfans vient efficacement du subit mouuement uemẽt des Cieux, qui ne ſe peut aſ ſeuremẽt depréhẽder, Pour-quoy l'attribue lon à la poſitiõ des aſtres *Rabbi Auen. Eſra, Rabbi moſche gerũd: & Rabbi racanat* , Inſignes Docteurs, philoſophes, & Aſtrologues entre les Hebrieux, diſent que ſi la femme en la generation gecte premierement ſa ſemence, & l'hõme apres, que c'eſt vn filz, & non vne fille. Que ſ'il aduient au contraire, c'eſt vne fille: Par-quoy c'eſt donc reſuerie d'attribuer ce-la aux aſtres, Aſclepiade attribue le ſexe, & la pluralité d'enfans, & leur condition á la vertu formelle latéte, en la ſemẽce maſculine, & à la fecundité feminine. Et non aux Aſtres. Les Stoïciens attribuent tout ce-la à l'abondãce de ſemence, en laquelle ſe trouue la vertu formelle bien proportionnée & non aux planettes, qui ny tïennët lieu que de ſeruiteurs. Auſſi ne peuuent ilz en quelque maiſon, conionction, ou aſpect qu'ilz ſoyent en l'horoſcope d'vn homme, ou femme ſterille de nature, faire qu'ilz ayent enfans. Rabbi Eleazar attribue le ſexe à ceux qui engendrent diſant que ſi l'hõme deſire premieremẽt, & plus ardemment la femme, que ſera vne fille, que ſ'il aduiẽt, au contraire, ce ſera vn filz, Car ce-la ne viẽt point des aſtres. Les Hebreux attribuent à la ſubſtãce maſculine, les nerfs, dents, oſſemẽts, & partïes ſolides. Et à la ſubſtance feminine: ilz attribuent la chair, le ſang, le poil, & partïes moles. Or ilz ne mõtent point iuſques au Ciël, pour rẽdre raiſon de tout ce-la ſans les aſtres, qui n'y interuiẽnẽt que pour ſeruir & faire leur function ſelon

la

la diſpoſition,& tẽperament d'vne chaſcune choſe particuliere.

SEC. X.

Les Aſtrologues voyãs qu'ilz ne pouuoyent rendre raiſon des gemeaux diuers en ſexe,& cõdictiõs, Et que les cauſes aſtronomicques de Nigidius. Zahel, Haly, Meſſala, Araſtellus, Albumazar, Alchabitius, Zodial, Alchindy, Atabary, Alchaiat, Ptolomée, & ſemblables eſtoyẽt ſonges: & que les philoſophes en parloyent bien plus pertinẽment. Ilz ont ſongé autres éuaſions en diſant, que la diuerſité dez actiõs:& fortunes es gemeaux viẽt aucuneſ-fois de la diuerſité des Eſpritz, qui ſont en la ſemẽce, Aucuneſ-fois pour les diuers cẽtres des cœurs des enfans, & pour les diuers orizõs de la matrice. Mais qui ſera le ſage hõme, qui penſera que

d. thoma de fato eſtas nugas refert.

ſi petites cauſes produiſent effetz tant diuers auſ-quelz ilz n'ont aucune habitude? Dauantage, qui eſt celuy q̃ aſſeuremẽt pourra ſçauoir la nature & diuerſité des Eſpritz la tens en la ſemence, les diuers centres des cœurs, & horiſons de la matrice, les diuers moments auſquelz la ſemence eſt receuë? Atten du donc que ce-la ne ſe peult diſtinctement ſçauoir, léuaſion des aſtrologues en c'eſt endroit, eſt vne reſuerie, qui mect la prouidence de Dieu, & la liberté humaine en ſeruage ſous les aſtres.

SEC XI.

Nous auons au par-aduãt parlé comment les Elementz, qualitez, & ſignes du Ciël ſimbolizẽt, mais à preſent nous en dirons dauantage ſelon les Docteurs ſcholaſticques ſuiuans. *S. Iehan Damaſcenne, lib.*

lib. 2. ſenten. diſt. 7. 13. et 14.

lib. 2. orthodox. fid. cap. 7. pour esclarcir ce qui n'est si euident. Premierement la vray astrologie contemple les natures, grandeurs, leuements, couchers, eléuations, mouuements, conionctions, aspectz, & influences phisicques des Corps cœlestes, dont elle deuine les mutations de l'aër, & du temps, & ce qui en despend totallement, comme pluïe, chault, sterilite, & malladie, en general. Mais nõ en particulier la mort ou la malladie, ou des-astre de cestui-cy, ny la guerre ou la paix, en ce païs la. La faulse & impieuse astrologie traicte des fortunes, & fatalles destinées, d'vne chascune chose, par la tyrãnie des astres, comme si elles prédisoyent asseurement, & euidemment le succes de toutes choses.

SEC. XII.

Feu, Chault, Colere, Esté, Moys, Signes, Planettes, Couleur

Les Elemētz, qualitez, humeurs, saisons, moys, signes, & planettes, conuiennent, ou se contrarient en proprietéz. Comme le Feu Element, simbolizé auec la qualité chaulde & seiche. Et la qualité auec la cholere, à ce est semblable la saison de l'Esté, Et les Moys de Iung, Iuillet, & Aoust, Aussi sōt les signes dicts le Cancre, le Lion, & la Vierge : & le Soleil, la Lune, & Mercure, quand aux planettes: à tout ce-cy conuient la couleur Noire, ou Brune.

L'aër, chault, humide, le sang, le prin-temps, Mars, Apuril, May, Aries, Taurus, Gemini, Mars, Venus, Mercure, & la Couleur vermeille, ou sanguine simbolizēt ensemble.

L'eau, froid, humide, phlegme, hyuer, Decembre, Ianuier, Feburier, Capricorne, Aquarius, pisces, Saturne

Saturne, Iupiter, & la Coulleur blã che accordent enſemble.

La terre, froid, ſec, melancolie Autõne, Septembre, Octobre, Nouembre, Libra, Scorpius, Sagitarius, Venus, Mars, Iupiter, & la couleur paſle, ſimbolizent, Et pour-ce Hipocrates, *lib. de. nat. human.* dict que la pituité qui eſt vn ſang imparfaictemẽt cuit, propre à norrir les partïes froides, & humides, cõme le cerueau, croiſt en hyuer, le ſang au prin-temps, la colere en eſté, & la melencolie en Autõne. La chaleur incite le mouuement. Le froid incline à repos & pareſſe L'humidité hebette: Et la Seicheresſe confere á viuacité d'entendement.

SEC. XIII.

Nous nommons Element vne ſubſtance, auec qualité, comme la

Terre,auec ſa ſeichereſſe naturelle, eſt Elemẽt. Le Feu,eſt vne ſubſtance ſubtille, auec ſa chaleur actiue dict Element. Par-quoy la clarté luy eſt acceſſoire, & la chaleur naturelle. Nous vſons de ce mot lumiére en deux ſortes, ou bien pour vne qualité éſclairãte, qui part d'vn corps lumineux, cõme le Feu, & le Soleil. Nous le prenõs auſſi pour vne eſpece, qui à enluminé vn corps tranſparant, comme l'aër, & qui eſt arreſtée ſur vn corps obſcur, qui cauſe, que nous voyons les Couleurs.

SEC. XIIII.

grãdeur du ſoleil. Il ſe dict pluſieurs choſes en aſtrologie, qui ſont certaines, ou probables, ou pour le moins non du tout meſchantes. cõme le Soleil, eſtre cent ſoixãte ſix foys plus grãd que la terre, ou pour le moĩs cent

cent vingt & deux foys : Que le Soleil éclipſant ne perd point ſa lumiere, ains ſeulement que par l'interpoſition de la Lune, eſt empeſché de nous éſclairer, Que la Lune eſt trente & neuf-fois plus petite que la terre, qu'elle eſt eclipſée par faulte de lumiere, pour-ce que l'interpoſition de la terre la priue de la lumiere du Soleil. Que de ſa nature elle eſt quelque peu froide, & humide, & que toutesfois eſtant au plein elle eſchauſe à cauſe de la lumiére du Soleil qu'elle reçoit pleinemét. Que le moindre des Eſtoilles du firmament, eſt plus grand que toute la terre. Que les comettes ſont plus bas que la Lune, Et que leurs mouuementz ſont d'Orient, en Occident, ſelon le mouuement des Cieulx: ou ſont d'Occident, en Orient, ſelon la poſition

grãdeur de la lune.

grãdeur des eſtoiles.

ſition de la matiére combuſtible. Aucuneſ-fois ſemble preſque immobile. Que les comettes ſont pl° grands qu'vne grande lieue en largeur. Etplus longues & eſpoiſſes ſemblablement.

SEC. XV.

Auſſi auec bonne raiſon on met au Ciël, deux Poles, & à chaſcun, ſon cercle. Item deux tropicques, l'vn de Capricorne, au froid: Et l'autre de L'eſcreuiſſe au chault. En l'vn, commence le Zodiacque, & finiſt à l'autre paſſant par l'equateur diuiſant le Ciël. Or le Zodiacque eſt diuiſé en.360. degrez ou parties dont neceſſairement il y en à touſ-jours. 180. en noſtre demie Sphere, C'eſt à dire ſur nous, & à l'entour. Et autant ſous nous. Par-quóy on peult facilement colliger que les regions ſcitués enuiron

ron quarante degrez,ou n'exedan tes point cinquãte,ny trente huict sont saines & bien temperées. lon deuise de rechef le Zodiacque en douze partiës, dont vne chascune à son signe contenant trente degrez,ou il est comme en sa maison & y reçoit les planettes comme plus vertueux. Nous nommons ses signes du nom d'aucuns animaux pour-ce que les estoilles en ces partïes la, sont scitués à la figure des animaulx,dont lon les appelle ou bien pour-ce que le Soleil, & autres planettes entrans en ces signes la,ont leurs operations,& effectz simbolizans auec la nature de telz auimaulx,comme le Soleil estant au Cancre, cõmence à s'en retourner à l'equinoxe d'autonne. Estant au lyon, il est d'vne grand vïgueur & ardãt,ainsi que le lyon.

Au

Au signe de Libra, il ésgalle le iour & la nuict.

SEC. XVI.

Par mesme raison, nous disons estre probable : que la chaleur est fortifiée par les astres ascendans. Et l'humidité corroborée eux descendãs. Aussi que les planettes ont des maisons au Ciël, C'est à dire certaines partïes du Ciël ayans haditude à determinées portions de la terre. & simbolizans auec les qualitez, & effectz des signes ou ilz sont, tellemẽt qu'ilz effectuẽt plus proprement leurs effectz es maisons angulieres que nous disons les gonds du Ciël, que es maisons suïuãtes, pose le cas, que d'ailleurs il n'y ait point d'empeschement. En verité c'est bien la raison, selõ leur dire, que Saturne tres-éloigné de nous, froid & sec, aye pour sa

Alchabit. lib. int. in astro. diff. 1.

sa maison, en Decēbre, & Ianuier, Capricorne, & Aquarius froids, situez à l'oposite de l'escreuisse, & du lyon, Nous disons qu'il peult aduenir Iupiter estre tēperé, pour-ce qu'il est situé entre Mars ardant, & Saturne glacial, & pour-ce on luy assigne le Sagittaire propre au xv ētz en Nouēbre, & les Poissons, en Feburier, procurant naissance pour sa maison. A Mars sec & ardant cōme ilz supposent, l'on donne le Belier en Mars, & le Escorpion en Octobre pour sa maison, simbolizans auec luy en mesmes qualitez, Au Soleil qui est masculin, & ardant, nous assignons selon leur opinion, le lyon pour sa maison. Car il mōstre sa grād vigueur quand il est en ce signe la. Or venus est assez tēperé, & pource le Toreau, en Apuril, & la Liure

Septembre,ſont ſa maiſon. A Mercure incertain l'on aſſigne les gemeaux en May, & la vierge en Aouſt pour ſa maiſon à la Lune feminine, & declinãte de la chaleur du Soleil, ilz aſſignent l'Eſcreuice, qui ſe reploye en ſoy: cõme le Soleil entrãt audict ſigne du Cancre retourne a ſon rabes, ou hyuer.

SEC. XVII.

Nous recognoiſſons auſſi l'exaltation des planettes alors qu'elles ſont le plus hault, & commencent à auoir, & ont le plus de vertu: & la depreſſion quand elles ſont le plus bas & ont moins d'efficace, Mais qu'elle facẽt les choſes qu'ilz deuinẽt, il ne ſe peult demõſtrer par raiſon. Et ainſi libra eſt l'exaltation de Saturne, ou les Iours appetiſſẽt, & refroidiſſent, Et le meſme Libra, eſt la depreſſion du Soleil. Aries

ries est la depression de Saturne, & l'exaltatiõ du Soleil, ou les iours allongent, & eschauffent. Cancer du tout Septentrional est l'exaltation de Iupiter, & la depression de Mars. Capricornus est la depression de Iupiter tendant au midy, & l'exaltatiõ de Mars. Venus humecte principalement au signe de Pisces, & pour-ce c'est son exaltation, & la depression de Mercure. Et le signe de Virgo est la depression de Venus, & l'exaltation de Mercure, qui desseiche fort. Taurus, est l'exaltation de la Lune, Car apres sa coniunction en Aries auec le Soleil, elle cõmence à monstrer sa lumiere en Taurus. Au cõtraire Scorpius est sa depression.

SEC. XVIII.

Aristote, & les philosophes sont d'accord, que par successiues, & diuer-

diuerſes alterations, les Elements ſe muent, & cõueriſſent les vns es autres, quand á quelques parties, Par-quoy ſ'enſuyuẽt diuers effetz, images, & bruictz es deux Elemẽs d'en hault, lA'ër, & le Feu. Et es deux d'en bas, l'Eau, & la Terre. Auſſi eſt il euident qu'vn chaſcun Elemẽt, á ſes parties aucuneſ-fois biẽ diuerſes, á cauſe de la mixtion voiſinage, Antiperiſtaſie, & debilité ou force qu'il á auec, ou contre vn autre. Comme on voit les eaus de diuerſes natures, l'aër, la Terre, & le Feu, En fin l'action des Aſtres beſoigne es parties deſdictz Elementz, & es choſes, qui en ſortent, ſelon qu'il ont ſimpatïe, ou antipatïe, C'eſt á dire conuenance, ou diferant de qualitez, Ces trois generalles conditions qui ſõt ſucceſſiues ordinairement, es Elemẽts, ſont principe premiers & cõmuns des fontaines, fleuues, vents, roſées, pluïes, neiges, greſles tonnerres, eſclairs, feux, comettes, & autres telles impreſſiõs cœleſtes.

SEC. XIX.

Le Philoſophe alegue dauãtage: que le Soleil, & les Aſtres, par leur chaleur eſchauffans la terre, les maretz & lieux boüeux, eſchau fãs auſſi les Eaux diuerſes, & l'Aër en tirẽt par leur vertu diuerſes exhalations, vapeurs, ou fumées. De ceſ-dictes vapeurs, ſelon leur diuerſe cõplexion, eleuation aſſemblée, & liéu ou elles ſont receües, ſortent diuers ouvrages, pluuieux, venteux, tempeſtueux, ou ardans, Or la vápeur eſt humide ſelon ſoy, elle eſt aucunement ſeiche ſelon la chaleur: elle eſt dauantage peſan te & naturellement froide: chau-

Ariſtote lib. 1. meteorologic. cap. 5. 6. 7. 9. 10. 11. 12. 13. & lib. 2. cap. 4.

de, seulement par violence. En fin elle est visqueuse, & terrestre selon son Corps. Et par ainsi diuersemẽt esleuée en hault, & appre à diuers effectz, comme sont la pluïe, les vents, tonnerres & aultres.

SEC. XX.

La vapeur, fumée, & exalation beaucoup pesente, & humide: est attirée & esleuée iusques á la seconde region de l'Aër: Ou la chaleur des Astres n'a vertu de la tirer plus hault, Et demeurant la quelque temps, est espoissie en façon de fumée, par le froid, qui naturellement reside en la seconde region

Nuée. de l'Aër, & à lors est dicte nuée. Et se deschargeant par le menu est

Rosée. dicte Rosée, si elle est temperemẽt froide, & humide en esté. Si elle se descharge beau-coup, elle est dicte

Pluye. Pluïe. Si elle se descharge petit à petit

petit estãt plus froide que humide, cõme en hyuer, elle est dicte gelée blanche, ou barbuë. Si elle se descharge fort á coup, c'est Neige. Et la fumée qui reste en l'Aër, de telle exalation éuacuée, est dicte Nuau. C'est á dire Nuée sterille. Or la terre humectée par les pluïes, á ses receptacles, & conduicts, par ou elle s'esgoutte, & vuïde, es lieux bas l'abondance de pluïe qu'elle à prinse ce qui est cause, & origine des sources, & fontaines. Et par-ce le plus souuent elles naissent au pied des Mõtaignes, & descoulées en prairies, plus basses, que les lieux adiacens. Cessent aussi aux seicheresses excessiues, iusques à ce que la terre soit de rechef à breuuée.

Gelée. *Neige.* *Nuau.* *Sources.* *Fõtaines* *Voyage des fontaines.*

SEC. XXI.

Les fontaines aussi sont aydées de l'abondance de l'Aër fort hu-

Les diuerses quali

tes de Leau. mide, ayãt entrée es conduictz de la terre,lequel Aër estãt enfroidy, se cõuertist en eau. Or les sources sont chaudes en hyuer,Car la chaleur de la terre, retirée au dedans, les eschaufe, elles sont froides en esté. Car la froideur retirée es parties interieures de la terre, les refroidist. Dauantage les sources resentent la nature, goust, & odeur des veines de la terre, des bithumes & mineralles,ou elles passent, Et pour-ce l'vne est chaude passant par le bithume,qui s'embrase, & ce qui est alentour par le touchement de l'eau. L'autre est ameré, l'autre salée:L'autre alumée,ou sulfurée:l'autre fade, ou visqueuse.

SEC. XXII.

Gresle. La gresle est rare en hyuer,plus frequẽte au renouueau,& aucunes fois en Esté:& pour-ce est formée autre-

autrement que la neige. Elle vient d'vne vapeur humide eſleuée, en certaine partïe de l'Aër, grandemẽt froide : Inferieure toutes-fois à la moyẽne regiõ de l'Aër: laquelle partie de l'Aër aſſẽblée ſe cõbat cõtre les ꝑties de l'Aër, qui cõmencẽt à ſ'eſchauffer, ou qui ſõt deſ-ia chaudes. D'autãt ſont elles plꝰ froides, qu'elles ſe combattent plus eſtroictement contre les parties chaudes, par-quoy elles cõgelent tout incontinent la vapeur, & ſ'en deſcharge en gouttes cõgellées, ce que nous appellõs Greſle. Or elle eſt groſſe, ou menuë ſelon qu'elle tombe d'en hault : Car ſi la nuée eſt baſſe, & l'Aër intermediat fort froid, elle eſt groſſe. Si elle tombe de bien hault, & l'Aër inter-iacent eſt chault elle eſt plus petitte.

SEC. XXIII.

Tõnerre Esclaer. S'il aduient q; lexalation chaude & ſeiche ſoit arreſtée, en la ſecõde region de l'Aër, qui eſt froide, & humide, elle ſ'efforce, & ſ'agitte, ça, & la, pour paſſer oultre, ne voullant demeurer auec ſon contraire. Donc ſ'eſleuant eſt emflãbée, par la voiſine region chaude aucuneſ-fois, ou rechéant & ſe mouuãt violãmẽt, faict bruit dont ſ'enſuit l'eſcler, ce que nous appellons tonnerre. Et ne ceſſe de ſ'agitter iuſques à ce qu'ell'ait rompu la nuée, & tombe en bas. Telle exalation ſeiche eſt tellement ſerrée & aſſemblée, qu'elle ſ'édurciſt en pierre, tant pour ſa ſterilité, & ſeicheresſe, que pour mieux par violance rompre la nuée, & faire l'eſclair, apres la concuſſion, laquelle colliſion eſtant faicte loing, & dauant l'eſclair, n'eſt ouïe pour la diſtãce,

&

& debilité de noſtre ouïe : cõbien que l'eſclair ſoit veü, pour la viuacité de noſtre veüe.

SEC. XXIIII.

Aucuneſ-fois il aduient, que les Aſtres attirent des vapeurs chaudes, ſeiches, & viſqueuſes. Ces dictes exalations eſtants eſleuez à la ſupreſme region de l'Aër, qui eſt fort chaude, tant pour ſa cõtinuelle & naturelle agitation, que pour le mouuement des Cïeux, & voiſinage du feu, que pour le combat, contre la froide region de l'Aër, ſont emflambez: Que ſi la matiére eſt rare, & entre les tropicques, ou les rayõs du Soleil diſſipent la challeur á-lors apparoiſſent lances de feu, & autres telz incendions. Mais ſi la vapeur eſt fort ſerrée, & aſſemble, & ſe treuue meſmes entre les tropicques cõme il aduient quel-

Comette.

Ariſtot. lib. 1. meteoro. cap. 5. 5. 7. 9. 10. 11. 12. 13. & lib 2. cap. 4.

queſ-fois, elle eſt allumée par le mouuement de l'Aër chaud,& apparoiſt ſemblable à vne Eſtoille, ainſi que celle de l'An paſſé. 1577. qui cõmença dedans le tropicque de Capricorne, & puis á paſſé l'Equinoctial, & à finé dedans le tropicque de l'Eſcreuiſſe. Certes ſa matïere eſtoit ſi bien compacte & amoncelée, que les rayons du Soleil ne l'ont peü diſſiper meſmes ẽtre les tropicques. Aquoy auſſi à bien aydé la ſaiſon: Car elle n'a apparu, que enuiron deux moys, apres l'equinoxe d'Autõne. Le lieu, le ſigne, le planette, & le cours, la nous euſt rẽduë treſ-eſpouuẽtable, ſi elle eüſt cõmencé en Iuin, Iuillet ou en Aouſt. Si auſſi elle euſt eſté orientale, & n'euſt point decliné le midy, & tiré vers le Septemtrion. elle euſt eſté en ſinguliere ad admi-

admiration, Attendu qu'ell'à touſiours eſté entre les tropicques, ce qui eſt fort rare naturellement.

SEC. XXV.

S'il aduient que l'exalation Seiche, chaude, ou viſqueuſe, eſleuée, par l'énergie des Aſtres, à la troiſieſme region de l'Aër, ſoit aſſemblée en la partie ſeptentrionnalle, hors les tropicques, ou le froid, y à grand'vigeur, plus que les rayons du Soleil, telle exalation auec le temps eſt enflambée, Et en bruſlāt nous apparoiſt cōme vne Eſtoille, Et cōme vn feu, & fumée, ce que nous appellons comette, C'eſt à dire cheueluë. Et telles communement ſont les comettes, comme à iugé l'Ariſtote. Or le comette, eſt formé principallement quand l'Eſté eſt fort ſec, & chault, Et par-ce effectue ce que le chault, & ſec viſ

queux

queux, humecté par apres, pourroyent effectuer, comme sterilitez & malladies.

SEC XXVI.

Comette est vne exalation chaude, seiche, & visqueuse fort embrasée. & assemblée en la troisiesme regiõ de l'Aër, la plus espoisse partïe de la vapeur visqueuse estant alumée, reluit le plus, & semble à vne estoille, les parties les plus visqueuses & rares, sont plus molles & moins dures, & serrées, & parce moins lumineuses, & plus pleines de fumée. Or elle á le nom sellon la disposition, & forme de la matiére, selon Ptolomée, & les Arabes. Si elle à alëtour les parties rares cõme cheueux, elle est nõmée comette ou cheueluë, si elle à la matiére rare, large, & longue d'vn costé seullement, elle est dicte pertica,

tica,& Candata. Et de mesme raison les autres sont appellées, Broche, Chambre haulte, gendarme, la matinalle, l'argẽtée, la Rose, ou la noire, Car les comettes apparoissent voluntiers en l'vne de ces neuf formes.

SEC. XXVII.

Le comette ne brusleroit, & ne fumeroit, sinon que lexalation est visqueuse, & grasse. Si la matiere estoit fort rare, elle seroit incõtinant éuanouïe, Par-quoy il fault qu'elle soit espoisse & en quantité. Ce que nous voyons le feu durer long-temps au comette, est vn argument, que la matiere est bien entassée & assemblée, puis qu'vn si grãd, & vif feu, y dure si lõg-temps Car il dure d'autant plus, que la matiere est abõdãte & visqueuse, & fort serrée en vn corps, ou que d'aud'autre costé il s'en amasse d'ailleurs iournellement la, y venant par la prouidence de nature cōme au secours.

SEC. XXVIII.

Auant le comette, l'on voit des feux en l'Aër sans fumeé, car nature faict ses essaiz à certaines partïes des exalations, bien preparées auant que ardre par tout. Et pource que telles partïes sont propres à l'incendium, & font grād flambe, & si peu de fumée, que nous ne la voyons point. Les autres vapeurs plus visqueux, & moins deseichez font plus grāde fumée, cōme nous voyōs iusques icy bas, & faut bien conclure, que le feu, & fumée sont tres-grāde, puis-que on les voit si manifestement, & si espouuentables, de si loing. Toutes-fois l'incendium n'aparoist pas tousiours inconincōtinant, que lexalation eſt embraſée, car aucuneſ-fois la flambe eſt trop petite au cōmencement, Autreſ-fois l'indiſpoſition du tēps l'empeſche d'eſtre veuë, cela peult aduenir par l'obſcurité & eſpoiſſeur des nues en la ſeconde region de l'Aër.

SEC. XXIX.

Le comette fort emflambé paroiſt rougeaſtre, & éterée pour la violance du feu, Apres il apparoiſt blanchaſtre, ou d'vne autre couleur, ſelon la cuiſſon & nature de la matïere, Et ſelon la diminution du feu, & la diuerſité des nues, Et reuerberation de la clarté contre les nues, comme nous voyons aux mettaux, pierres, & terres, quand elles bruſlēt es fournaizes, & ē larc au Ciël. Le comette ſe mouue de ſon mouuement naturel, du midy

au

au ſeptentrion tirent au cercles mineurs fuyant auſſi le midy trop chaleureux, & violant, qui diſſipe tout, aymant le ſeptentrion, qui amaſſe, defend, & fortifie. Il ſe mouue auſſi ſelon la trainée de ſon exalation, cõme faict vn feu, qui ſuit la matiere cõbuſtible, tãtoſt d'Occident en Orient, tantoſt au contraire, tantoſt autrement. Troiſieſmement il eſt agité de l'Orient en Occident, ſelon le mouuement de la derniere region de l'Aër, & du feu, qui ſuïuent le mouuement des Cieux.

SEC. XXX.

Les Comettes ſont argumẽt de ſechereſſe exceſſiue, & par conſequent de ſterilité, d'ont enſuyuent maladies diuerſes, & famine. Car ſi les exalations fuſſent demeurées en la ſecõde region de l'Aër, elles eussent esté resoluës ên pluïes, Mais ayãt esté esleuez à la supreme region de l'Aër, elles ont esté du tout seichez, & bruslez. Par-quoy s'ensuït sterilité d'eaux. Secondement l'Aër à esté contre sa nature excessiuemẽt desseiché parce grãd incendium. Et pour-ce vexé d'vne grand intemperie. Dauãtaige puis que la chaleur à esté si grãde, tant long-tẽps, & entre les tropicques, elle n'a peu estre nourrie, que d'vne tresgrande abondance d'exalations. C'est amas n'a peu estre, que par vn effort violant de lénergie des astres, qui ne conclud que vne grand secheresse, sterilité, & intemperie d'Aër, qui altererera les corps auec le temps. En fin ce lieu tant excessiuemẽt eschaufe, & desseiche à eschauffé, & desseiché biẽ loing de luy. Et ne sera rafreschy, & humecté,

mecté, que par laps de temps, & non sans repugnãtes alterations. Et pour-ce engendrera siccite, famine, & maladies, principalement aguz. Et sur les personnes beaucoup humides, & froids, comme fẽmes, & anciens. Telz effectz sont aïdés par saturne ẽnemy de la chaleur temperée, du-quel la glace, & le froid seront vaincuz par la chaleur excessiue, Capricorne, sec & terrestre aydera bien à la sterilité, & maladies. Laigle volãt est muable, & intemperé, & par-ce seruira beau-coup à tels effectz. Venus pres lequel s'est faict c'este combustion aydera à telle intemperie, car son influance humide sera deseichée, putrefiée.

SEC. XXXI.

Ce ne sont pas pourtant, les planettes, estoilles, & signes cœlestes, qui

qui effectuent les ſterilités,ou maladies,car ilz ſont ſeulement cauſes ſeruantes à nature, pour effectuer plus efficacement, ce qui eſt cōtenu es cauſes naturelles,& prochaines.Par-quoy Saturne ne fera mourir lez vieux, mais il ſeruira pour ayder á nature par la combuſtion exceſſiue, & par l'intemperie de l'Aër, à corrumpre ou alterer les humeurs des anciens, dont enſuyueront maladies,& mortalités.Il eſt certein, que ſi les cauſes d'ēbas, & effectz, que les aſtres ne pourrōt rien effectuer. dōc il fault reuenir la,que les aſtres ſeruent aux cauſes prochaines,& naturelles, deſquelles les Aſtres ne tirent effectz,que ſelon le temperament, particulier d'vne chaſcune cauſe. Ce temperament,& proprieté particuliere,eſt vn tel ſecret en natu re, qu'il ne ſe peult comprendre aſſeurement par les aſtres, ains par ſes effectz, & par experiẽce. Auſſy ne peult on aſſeuremẽt ſçauoir cõbien eſt grande l'influence particuliere de l'aſtre ſur vn hõme, ny combien ſimbolizent l'aſtre & le temperament d'vn homme en particulier. Par-quoy tout ce que babillent les aſtrolatres en telles conclusions, eſt incertain, coniectural, ou mẽſonger, & ne merite le nom deſcience.

SEC. XXXII.

Pour-ce que les actions de nature exceſſiues ſe font auec laps de temps, Et aucuneſ-foys en ſe faiſant ont beau-coup d'ẽpeſchemẽts il aduient, que les effectz des commettes ne ſont que apres ſix moys, & des éclipſes, que apres vn an. Il aduient ſemblablement qu'ilz ne ſont

ſont touſ-jours telz, que lon les à preiugés. Par-ce, telles concluſiōs ſont ſeullemēt coniecturalles, probables, conditionelles, ou incertaines : Dōc laſtrologie iudiciaire ne merite le nom de ſcience, ſy non que ces hypoteticques ſuppoſitions, fuſſent vrays, & ſimples.

SEC. XXXIII.

Apres le commette il aduient grands vētz, & tēpeſtes: Car l'Aër & exaltations beau-coup aſechez ſont reſoluz en ventz. Dauantaige le reſidu de la commette eſt terreſtre, quand à la plus grande portion, & pour-ce, eſt conuertïe en ventz. donc ſ'enſuyuēt tempeſtes, ruines, deſaſtres, & cathares. Apres nous voyōs aduenir tremblemēts de terre, & par conſequēt ruine de Villes, Maiſons, & Chaſteaux. Car la terre par la grand ſechereſſe eſt garnie de vapeurs ſecz. Impetueux, & legiers,qui eſbranlent, & fendent la terre pour ſortir,à quoy ſert bien Capricorne, ſigne ſec & terreſtre, ſoubz lequel il à apparu. Ce comette pronoſtique, malladies par ſa couleur blanchaſtre, & venerienne:C'eſt à dire chaude & humide, & pour-cé putrefactiue, & no⁹ qui reſpirons de l'Aër,nous en ſentirons. La couleur paſle ſignifie auſſi mortalité: Car c'eſt vn argument que les exalations ſont cruz,non cuictz ny parfaictement digerez,& par-ce eſpars par l'Aer le corrompent, & par conſequent les delicatz, ou intemperez animaulx, qui reſpirent ſont ſemblablement infectez : Car combien que l'Aër, ait eſte rendu plus ſubtil par le feu, toutef-fois l'exceſſiue chaleur à engendré vne gande intemperie, intẽperie, & puis sa subtilité le ren dra plus facille à corruption: Dõc ceulx la, qui seront norriz delicatement comme les grandz seront en danger: Car leur education est subiecte à l'intemperie. Ceux aussi qui seront d'vne complexion, moins bien temperée, comme les femmes, & viellardz seront plus subiectz à malladies, pour l'intemperie de l'Aër. De mesme raison, lon dira, que l'Aër excessiuement eschaufé, embrase les espritz, qui sont allumettes de colere: Du colere, s'ésuit l'ire: de l'ire l'appetit de vengeãce, qui est guerre entre les grandz, Mais si les argumentz de guerre, de paix, & de malladie n'estoyent d'ailleurs, que des cõmettes elle ne feroyent cõme elle ne font, ny paix, ny, guerre: Car pour sçauoir ce-la, Il ne fault poĩt d'astrolabe. *CHA. VIII.*

Du Chrestien vsage de commettes. & des Astres. & de l'impiete des Astrologues. SEC. I.

Math. 24.5.6. 7.11.12. 13.24. Luc. 18. 8. *Luc.* 21.8.9. 10.11. *Calu. lib 4. cap. 3. sect. 4. Bez. pre tisa. n. Iosu. Antoni us Cora. Epist. ad fratr. cõ fess. august.*

Le commette apres à des presages, de ce qui est futur. Mais les hõmes les deuinent seullement. Nostre Seigneur dict, que aduant la fin du monde, il viendra faux-christz, faulx prophetes, faulx apostres, & faulx maistres, qui en seduiront beau-coup, q; l'iniquité sera grãde, charité refroidie, q; la foy sera cõme esgarée: ce q; nous voyõs acomply de nostre temps par la diuersite des protestans, pretendans, Anglois, Anabaptistes, & autres semblables: des-quelz les premiers ministres se sont introduictz cõme Christz, Prophettes, Apostres, & Docteurs diuins, & extra-ordinaires. Et de faict ont censuré tout le monde

monde, & n'ont enduré reprehension d'aucun, ce qui est office super naturel, & n'accordent les vns auec les autres. Quand á l'iniquité, elle ne fust iamais plus déplorable Car les grãds disent, les sacrileges, traïsons, meurtres, rebellions, & telles actiõs estre pour leur seruice quand les hõmes, & femmes heretiques, atheïstes, mariez, & seculiers, sont, Euesques, Abez, Prieurs & Curez, ayans miserables custodinos, ecclesiasticques, qui ne sont que leurs esclaues, seruiteurs, & aydes de leurs dannée auarice. Estãts tous ensemble excõmuniez: irreguliers: actuellemẽt, en peché mortel, & en asseurée dannation. Charité refroidie, quand on rauist on alienne, on vend, on vsurpe, on dissipe, on prophane le bien de Dieu, des pauures, & de l'Eglise:

tellement que ſes amis ſont ſes ennemis. *trenorum*. 1.2.4. La foy eſt eſtaincte, Car on n'a aulcun zelle ardant, & perſeuerant. Il eſt ſeullemēt queſtion, de ſe cōſeruer, quād au temporel. Et cōniuer, ou ayder à l'hereticque, qui ſe couvre de religion, qui ſe aide de la chair, & du ſang enuers ceulx, qui ſont catholicques. De ce-la nous préuoyons changement d'eſtat, ſi on n'y remedie, & ſi Dieu, n'y met la main, Car noz pechez meritent vne grande punition, à la cōfirmation de quoy peult ſeruir le comette, qui eſt mis comme vne conſequence ſuyuant l'abondance des iniquitez, & comme vn preſcheur de pœnitence, & vn denonciateur du changement mondain.

SEC. II.

Mat. 24 Noſtre Seigneur ſuyuant le pro
Mar. 13. poz pré-alegué, diſoit, il y aura des
ſediti-

ſeditions, des batailles, des aſſaulx *Luc.* 21.
les vns ſ'eſleueront contre les autres. Il y aura bruictz de guerre, vn Royaulme ſe bandera contre l'autre. Il y aura tremblemẽs de terre, peſtilences, famines, eſpouuentemens, & grãds ſignes du Ciël. Parce nous voyõs, que cõme l'arc au *Gene.* 9.
Ciël, qui eſt naturel, & toutesfois 13. 14.
ne laiſſe à eſtre argumẽt perpetuel 15.
de la beneuolance diuine, Auſſi les eſpouuẽtables effetz de nature ſõt teſmoignages de la multitude, & énormité de noz pechez, qui ſont ſi grands, que nature ne les peult endurer: ains ſ'arme pour nous ruiner, & changer, comme il eſt eſcrit. *Leuitic.* 20. 22. 23. 24. *Deuteron.* 28. 15. 16. 17. 18. 19. 20. 21. 22. 23. 24. 25. &c. ac. 3. *Reg.* 13. 14. *&* 4. *Reg.* 17 26. 27. Pour ceſte meſme cauſe les Royaumes ſont ruïnez, changez,

de

de gent en autre, & diuisez. *Deut.* 28.36.*&* 3.*Reg*.11.33. *Decclesi*.10.8. *Sapient*.5.18.21.*Leuitic*,26.19.20.21. 22.23.24.25.*Deut*.4.26.DIEV,dõc nous à aprins,qu'il à tant sagemẽt ordonné les épouuẽtables effectz de nature, qu'il les addreisse selon l'exigence, & aduertissement necessaire, pour nostre salut. Autrement Saturne, Capricorne, Ven° l'Aigle,les commettes, & semblables signes,nous seroyẽt propices, & fauorables. Ce que les astrologues ont ignoré, & tiré en autre vsaige, voire mesmes l'ont indignement attribué, à autres causes, & effectz, que Dieu ne la ordonné. Dieu à voulu vn tel ordre pour argument, que le monde estoit caducq,& non eternel. Dieu la ainsi moderé, comme vn couroux de nature,contre peché,Dieu l'a ainsi enuoyé comme vn messagier de ſes verges, & du changement mon dain. Ce que l'aſtrologie n'a peü monſtrer. SEC. III.

DIEV, n'a donc ordonné les Cieulx, Planettes, Eſtoilles, ſignes, & Cómettes, pour faire les hommes meurdriers, paillards, ſacrileges, & larrons, n'y pour faire morir les hõmes, autremẽt que ne porte leur temperamẽt, n'y pour les rendre miſerables, autrement que ne porte leur neceſſité, ou vtilité particuliere, cõme Abraham, Moyſe,
Iob, & Thobie, nous ſont en exem Leuitc.
ple, les aſtres ſont pour cognoiſtre 26.19.
par iceulx, le Créateur : Et pour 20.det.
dõner à entendre, que Dieu à telle 28.23.
ment ordonné le cours de nature, 3.reg.17
qu'il á voulu en temps oportun eſ- 1.2.
choir les eſpouuẽtables effectz de nature, quãd iuſtement, & puiſſam ment, les meſchãs auoyent merité punition, & qu'il eſtoit expedient

aduertir les gens de bien á pœnitence, pour préuenir l'ire de Dieu, Donc nous ne pouuons approuuer le faulx vſage de l'Aſtrologie, des Magicien s, Apolonius, hoſtanes, dardanus. Zoroäſtes, damigerõta, Eudoxus, Xamolſſides, Alchindus, Leiєthemberg. qu'lz diſent naturelle: ny celle de Ptolomée, Iulles firmic, Albumazar, Abo alj. Abraham dorothe, qu'ilz diſent naturelle & artificielle: Car l'vne, & l'autre, eſt pleine de magie, ſuperſtition, incertitude, & erreur. Cõme quãd ilz ſongẽt, q; le comette courãt d'Oriẽt, en Occidẽt, monſtre la ruïne du Royaulme, par les regnicoles. S'il demeure comme immobile, c'eſt argument que vn Prince du Royaulme fera guerre par l'aïde des eſtrãgers. Telles ſont les ſuperſtitions que le commette

Ptolomé & les Arabes

ſoubz

ſoubz Saturne au capricorne ſera mutation, & diuiſion de religion, entre les Turcs, & Creſtiens, Ilz deburoyent dire par meſme raiſon, que celle des Iuifz ſera augmẽtée puis que Saturne, qu'ilz mettent parent de l'ancienne loy, eſt ſi vaillant. SEC. IIII.

De meſme reſuerie eſt, que ce commette ſera peſtes, & deluges, à cauſe de ſa conſtellation. Et que vn prince ſeptẽtrional ayãt Mars en ſa natiuite, ſera rendu illuſtre par ſedition, hereſie, & guerre. Au contraire les princes qui auront Capricorne aſcendant, & Saturne ſeigneur de la maiſon. Ou Mars oppoſite à ſaturne. Ou Mars à Libra ſeront en treſgrand danger. Item ilz babillent que le Ciël menace le roy catholicque & ſes terres l'an. 1578. & vn autre prince d'Eſdeſpaigne.1579.Et que l'an. 1580. ſera publiée vne loy nouuelle, les aultres diſent. 1583. toutes choſes reſtaurées. Ilz menacent vne grãd dame nourrie ſouz Aries, & vn prince ſeptẽtriõnal. Auſſi ceux qui auront Aries aſcendant auec la Lune ou le Soleil & leur geniture, ſeront.1578. en grãd peril. Les religieux ſe morront, ſeront perſecutez,& contennez, puys qu'ell'eſt apparuë au Capricorne en la maiſon de Saturne, ſelon leurs cõtes.

SEC. V.

Ptolom. lib.2. quadri. cap.3. text.15

Venons plus auant. Ilz diſent, que Saturne & Iupiter, orientaux font les hommes religieux, chaſtes deuins, riches, ſçauans en théologie, magiciens, & martirs, pour le moins de deſir. Mars auec Iupiter occidental, faict les homme lliberaux, guerriers, netz, bien tenants leurs

leurs promesses, bons mesnagiers non addonnez aux femmes, en vn mot tous contraires aux gendarmes du iour-d'huy : des-quelz les planettes estoyent cachez au tẽps passé. Saturne & venus orientaulx rendent les hõmes deuins, sauteurs bien ornez, incestes, paillars, guerriers, & de grãd couraige. Ilz nous cõmẽdent de croire, que Narsetes eunucque de Iustiniam fut tel. Mars & Venus occidental, font l'homme paillard, violant, adultere, rapteur, & deflorateur de vierges, aymans l'ornement feminin, haultz, & prompts à la main, temeraires, & meschans.

SEC. VI.

Ilz disent que Iupiter & venus orientaulx engẽdrent les personnes studieux, des bonnes mœurs, netz, bien habilles, bien attentifz

à leur

à leur negoce, traictables en acord liberaux & de bon conseil, marchans, telz sont les Persans. Saturne oriẽtal les rend diformes, laidz & sotz comme les Indoys. Saturne occidẽtal engendre les gourmãds de chair, & de poissõ, pasteurs sauuaiges, & cruelz, comme sont les Ethiopiens occidentaulx, Mercure oriental faict les hõmes grãds mathematiciens, & se delectans à l'astrologie. Mercure occidental rend les hõmes ingenieux, & doctes, non pas tant aux mathematicques, vn peu mauluays, & legiers. Venus orientalle faict les hõmes addonnez du tout à leur plaisir, toutesfoys netz, cõme les Cyproys. Venus occidental les rend musiciens, muables, & addonnez à tous delices. SEC. VII.

Mars oriental faict les persõnes audacieuses,

audacieuſes, meſchãtes, & inſidieuſes. Mars occidental les faict cruelz, opiniaſtres, meurdriers: Cõme les germains. Mars mal diſpoſé engendre les hommes grands gourmãs de chair, guerriers, ſeditieux, & hazardeux, ſans crainte de leur vie. Iupiter oriental fait l'homme liberal, adroit, cõmode aux hommes, & marchãd. Iupiter occidental faict les hõmes amateurs de liberté, pureté, & ſimplicité, grands marchands. Cardan dict que les Eſpaignolz ſõt telz. Le Soleil faict les hommes excellens, benins, fidelles en amour, humains, ſimples, & amateurs d'aſtrologie. Comme ſont les Italiens ſelon Cardan. La lune orientalle faict les femmes virilles, maiſtreſſes, contentieuſes, & laborieuſes: La Lune Occidentalle rend les hommes molz effeminez ſubiectz aux cõmendémentz des femmes,& Riches,cõme les Gauloys, ſelon l'opinion de Cardan.

SEC. VIII.

Mars auec venus oriental faict les hommes meſchantz,laborieux larrons,brigandz,gendarmes,mercennaires,& encores,pl⁹ meſçhãs, ſe mercure eſt ioinct à Mars.Saturne, & Mars occidentaux font les hommes dilligens en leurs affaires ſans amour,& acointance des aultres, cõme ſont les Macedoniens. Saturne, Venus, & Mercure occidentaux engendrent les hommes d'Eſprit,raſſiz,fort temperez,Religieux,Amateurs de liberté,de Muſicque,de ſçauoir,de loix,& inuenteurs de choſes vtilles, gens eloquentz & ſçauãs es diuins ſecretz Saturue,Iupiter, & Mercure occidentaux font les hommes ſuperſtitieux ftitieux heretiques, craignãs Dieu, ensepueliſſãs les Mortz, auec force ceremonies, & commendans courageuſement, & fœcondz. Iupiter, Mars, & Mercure orientaux, rendent l'homme fin, cauteleux, Marchand, guetteur, inſidiateur, & Inſtable.

SEC. IX.

Apres que les Aſtrologues ont faict faire bien, & mal, aux planettes, ilz viennent aux ſignes, & diſent que Aries, faict les cruelz, opiniaſtres, audacieux, eſpieurs, & meſchans. Taurus les voluptueux, en boire, mãger, accouſtremẽtz, & œuure charnel, Geminj, legers, malings, fins, ſongears, ſçauans, magiciens, & mathematiciens. Cancer, les marchands, compaignons, obeïſſans aux femmes, & amateurs de richeſſes, Leo, faict les hõ mes constans, simples, humains, & contempteurs des Astres. Virgo rend les hommes mathematiciens doctes, & fort ingenieux, en toutes disciplines. Libra, les musiciẽs, & adonnez à tous delices, & mobiles, Scorpius. les grãds guerriers, gourmans de viandes, seditieux, trõpeurs, & hazardeus sans craĩte. Capricor, faict ceux qui sont ledz, cõtrefaictz, chagrins, & sans acointãce, Aquari⁹ les gouluz de chair, & de poisson, & gẽs ruraux. Pisces faict les liberaux, marchands & artizans. SEC. X.

Ptolom. lib. 2. quadri. cap. 3. text. 16 17

Le Pelusien, Haly, Cardan, & tels Astrologues passent bien oultre, disans : les Loys sont promulguées, & ont commencement du milieu des regions, & de la coulẽt aux extremitez. Les regions sont ou Orientales aux-quelles preside, Saturne, ou Meridionales, aux-quelles domine Venus. Ou ſeptentrionnalles, ſur leſ-quelles Iupiter commende. Ou occidentalles, qui ſont gouuernées par Mars. Mercure treſ-inſtable, adminiſtre toutes les regions du milieu. Le Soleil & la Lune ſont ſeigneurs cõmuns en tout ce-la. Or les Loys commencent au milieu des regions, & par conſequẽt, ont Mercure, pour premier Seigneur, combien que ſeul pour ſa debilité, & Inſtabilité, ne ſçauroit donner aucune Loy.

SEC. II.

Les Loys, diſẽt Haly, & Cardan, ont beſoing de beaucoup de parolles, & de raiſons, & de menſonges, & meſmes, ſ'il eſt de beſoing, elles requerẽt vne legereté de cerueau, & tout ce-la eſt ſignifié par Mercure. Mercure donc ioinct à Saturne à donné en l'Orient la religion iudaïque de la-quelle le triangle sõt Gemini, Libra, Aquarius. Le Seigneur de la Loy Moſaycque, eſt Saturne. Le Seigneur de ſon triangle eſt mercure, comme à tous. Et pour-ce les autres religiõs prẽnẽt leurs fondemens de la moſaycque qui eſt treſdure, & treſ-ſalle, & pleine de menſonges & abominatiõs, auec auarice, diuorce, vſure, mariages illicites, Ladrerie, & mondicité de la gent. Ilz gardent le ſabat pour ſaturne. Ilz ſont grãds langagers, & miſerables á cauſe de mercure.

SEC. XII.

Mercure ioinct à Venus faict la religion des idolatres, qui eſt venue du midy, ou preſide venus Ell'eſt diuerſe, pour l'inſtabilité de mercure. Ell'eſt legere, & debile, à cauſe de venus, Ell'eſt fauce, pleine de fables, de multitude de

Dieux,

Dieux,ſuperſtitions,paillardiſes,& meſchancetés, car Venus & Mercure enſemble, ſignifient tout cela. Ce qui eſt confirme à ſon triangle, qui eſt Taurus, Virgo, Capricorne, & par la Lune occidẽtalle. Et pour-ce leurs feſtes ſont le vendredy. Leurs Prophetes, les Sybilles: Leurs Preſtres les fẽmes: Leurs dieux effeminez, comme Apolo & Priapus.

SEC. XIII.

Semblablement Mercure aſſocié de Iupiter, à dõné la Loy chreſtienne: Elle n'a commencé toutes-fois au ſeptentrion, comme Iupiter y preſidant requeroit, ains en l'Orient à cauſe de la vicinité, qu'elle ha auec la Iuifue. Son triãgle, Aries Leo, Sagitarius: ell'à auſſi le Soleil conioinct auec Iupiter. Et pour-ce elle eſt royalle, chaſte, iuſte, ſimple, miſericordieuſe, & veritable: celebrãt le iour du Soleil, ennemye de Venus,& du vendredy.

SEC. XIIII.

Mercure auec Mars, ont dõné la Loy de Mahómet: du costé de l'Occident, Mars adioinct aussi á soy Venus & la Lune, & pour-ce le vendredy leur est feste, & le croissant leur enseigne,& bãniere: Dõc c'este loy est violante, cruelle, charnelle, salle, mensongere, fabuleuse, & tyrãnicq; Son triãgle sont Cancer, Scorpio, Pisces : Or le triangle de Gemini contrarie au triãgle de Taurus: Donc la religion Iuïfue, & Payenne, se repugnent. Ce qui est confirmé par Saturne & Venus ennemis iurez, des-quelz toutes-fois la force est debile, & pour-ce n'est leur combat perpetuel. Iupiter est ennemy de Mars, tous deux puissans, Et le triãgle d'Aries repugne

à

à celuy de Cancer. Donc ſont fort ennemis les Turcs, & Chreſtiẽs, & leur combat grand & perpetuel. Par ainſi l'on peult par les aſtres ſçauoir les accidens, mutations, hereſies, ſchiſmes, accroiſſemens, ou diminutions, qui ſuruiennẽt es religions. SEC. XV.

Nous auõs aulong & aſſez clerement raporté, repeté, & declaré l'opinion des anciens Aſtrologues, & des modernes. Car tous enſemble diſent choſes pleines d'impiété, & incertaines. Car comme il eſt ſeulement, & non neceſſairement probable, que celuy qui eſt né, le Soleil eſtant en Aries, ou en Leo, ſera aydé à auoir tẽperament chaud & ſec, & par conſequent diſpoſé à auoir bon eſprit. Auſſi eſt il incertain ſi ſon indiuiduel tẽperament ſera reſpondant à l'in-

fluance

fluãce de l'astre. Et encore moins se peult monstrer consequence, qui prouue, qu'il soit sage, honeste acquerant gloire, & empire. Comme disent les astrologues. Il est aucunement & non-pas certainement probable, que Iupiter moderemẽt eschaufe, & humecte, principallement quand il est au sagitaire, ou es poissons, qui sont sa maison, & qu'il modere le temperament de celuy ou il domine. Mais c'est vne resuerie de dire, q; pour-ce l'homme sera beau, riche, religieux, prudent, & viendra à grande charges, & estatz. Il ne repugne à raison q; Saturne s'il est froit & sec ayde à paresse, & melancolie. Mais qu'il administre les maulx, est vn conte & non science.

SEC. XVI.

Nous sçauons, Mars ardãt & sec selon

ſelon leur tradition. Mais en inferer homicide, larrecin, eſt menſonge. Nous n'ignorons le Soleil, principalement en ſon aſcendant, & es gonds du Ciël eſtre Roy, & pere de vie, mais que pour cela, il face l'hõme grand, ou honoré des grãs, Il ne ſe peut faire par demonſtration certaine. Venus peult eſtre humecte vn peu plus, qu'elle n'aſeche, mais que de cela il ſenſuiue l'homme eſtre adonné à tous delices, c'eſt vn ſonge. Mercure eſt muable, mais que pour-cela il face l'homme eloquent, diſert, ſubtil, & heureux en marchãdiſe, ſont brides à veaux. La lune eſt beaucoup humide & bien peu chaude cõme ilz diſent, ergo elle faict les hommes folz, inconſtans, & hereticques, c'eſt menſonge, Tellement que telle deuinerie eſt impoſture

de

de Satan fourrée en l'Astrologie.

SEC. XVII.

Il est aucunemẽt probable, que Aries, Leo, & la premiere partïe du Sagitaire sont chauds, & secs grandement. Mays il n'ensuyt pas pourtant, qu'ilz rendent les personnes sterilles, non plus que Taurus, Virgo, Capricornus, & Aquarius, pour leur intemperée seicheresse, & froideur. Autant en fault il iuger de Libra, & Gemini, pour leur intemperée humidité, Aussi est-ce resuerie de dire, que tous les freres de cestuy-la mourront auant celuy, qui est ne le Soleil estant en Aries. Et quil perdra son heritaige, & que incontinant il le recouurera. Ie laisse la, que aucuns ne veullent le Soleil, & la Lune, estre seigneurs de la geniture: ains ilz la releguent au planette domi-

nant

nant au ſigne ſuïuant. Comme le ſoleil au Lion,commet la ſeigneurie à Mercure,qui eſt ſeigneur de la vierge, les aultres tïēnent du contraire:Et dreſſent tous leurs horoſcopes par lentrée,demeurance, & yſſue du ſoleil, & dé la lune aux douze ſignes du Zodiacque.

SEC. XVIII.

Or les vns, & les aultres abuſent 1
en appellant leurs predictions par
ticulieres ſcience: qui n'eſt que de
choſes euidentes, generalles, certaines, & neceſſaires, meſmes ilz
ſont tous diuers en l'aſſignation, &
lieux des maiſõs du cïel:& en leurs
operatiõs.Secõdemēt,ilz atribuēt 2
des vertus aux aſtres en qualité, &
quãtité, ſur les choſes denbas,qu'il
n'eſt certain, qu'ilz aient. Troiſieſ- 3
memēt,poſé le cas,que les planettes
euſſent ces énergiès en telz degrez
qu'ilz

qu'ilz babillent,ſi eſt-ce qu'il ne les influẽt & decoulent pas eſgallemẽt en tous,ains ſeulement ſelon la diſ poſition, & tẽperament d'vn chaſ-
4 cun en particulier. Quatrieſmemẽt attẽdu,que aucun homme ne ſçait & ne peult ſçauoir exactement, le temperament de l'homme, que a- uec le temps,& quand la conſtela-
5 tion genitale eſt paſſée, Auſſi lon ne ſçait les degrez de l'influence particuliere:c'eſt abus donc de cui
6 der rediger ce-la en ſçience. Qui plus eſt, les mouuemens du Ciël, ſont tant ſubitz & diuers, l'influen ce tãt obſcure & incertaine, la diſ poſition du ſubiect ſi oculte, le Iu- gement & application humai ne ſi fragille, que venant aux inſtãs par ticuliers, ce ne ſont que tenebres, & abiſmes incertaines.

SEC. XIX.

Les

Les aſtrologues iudiciaires ſuppoſent des principes, qui ne ſont euidẽs, ny probables. En diſant, la conſtellation de la geniture eſtre de telle énergie, qu'ell'eſt cauſe, regle, & prophetie infalible de toutes aduentures. Aultrement leur babil ne meriteroit le nom de ſçiẽce. Or attendu que ce-la eſt faux, & in certain, comme raiſon nous monſtre, & experience ſouuent nous cõfirme. c'eſt vne impiété, que leur horoſcope. Dauãtage ilz impoſent que le temperament indiuidu eſt du tout ſemblable à la conſtellation de la geniture. Et que ledict tẽperament eſt du tout faict à l'inſtar de ladicte cõſtellation, & que du tout il en-ſuit l'influẽce. Aultrement leurs diſcours, & predictions ſeroyent mocqueries. Or conſideré, que leur principe eſt ſouuent faux,

7 … 8

faux, & incertain, tout leur faict n'eſt qu'vn abuz.

SEC. XX.

Pythagoras, Socrates, Platon, Ariſtote, Ciceron, Senecque, & ceulx, qui ont aymé la vertu, ſa louange, & ſon loïer, ont deteſté c'eſt abus d'aſtrologie, non ſans
9 raiſon. Car ſi les deſtinés aſtronomicques naturellement inclinent, & rengent à la vertu ſans grande dificulté. Les hommes n'en doibuent pas eſtre ſi entïeremēt louez,
10 recognuz, ſalariez, & eſleuez, ains les deſtinées fatales. Si au cõtraire ilz font mal par l'inclination, & decret fatal. Ilz n'en doibuent eſtre tant durement blaſmez, punis, & condannez, comme nous voyons,
11 ains les aſtres, qui les ont tirez à mal. Si les aſtres inclinēt ſeulemēt à mal, encore ſur eux, & ſur leur autheur

autheur rêtournera le vice, comme il faict en la concupiſſance, ſur l'ēnemy, & ſur Adam. Si les aſtres
12 deſtinēt le mal, & l'infortune neceſſairement, il fault attribuer les vices aux aſtres du tout. Si les aſ-
13 tres inclinent fortuitement, & voluntairement, ſelon la condition des choſes den-bas ſeulemēt, comme il eſt euident: pour-quoy appellent ilz cela ſçiēce? pour-quoy attribuent ilz cela aux aſtres? veü que leur vertu opere ſelon le temperament des ſubiectz inferieurs? par leſ-qu'elz ell'eſt determinée à ſon action? SEC, XXI.

Qui eſt celuy bien ſenſé, qui
14 pourra patiemment ouïr les iniures, qu'ilz attribuent aux aſtres, Et que des aſtres ilz vomiſſent auec les payēs, & hereticques, contre le viëil teſtament, pour Saturne, qu'il

15 en font autheur? Ne voit on pas
manifestemẽt leur imposture quād
il disent que les religions cōmen-
cent au millieu des regions, & en
la partïe ou la planette domine.
Et voyans en la religion chresti-
enne, qu'il attribuẽt à Iupiter Sep-
tentrionnal, tout le contraire, car
ell'a commencé en orient, Ilz fei-
16 gnent exception. Par-mesme im-
pudẽce le Sabbat diuin des Iuïfs,
le religieux Dimanche des Chres-
tïens, & le prophane & charnel
17 vendredy des Turcs, sont par les
astrologues anciens, & modernes
attribuez à Saturne, au Soleil, & à
18 Venus. Par mesme raison, les vns,
& les aultres deburoyent garder
le mercredy à Mercure: Pere com
mun des religions. Cé-la eust bien
aydé le Mercredy ferial de Caluin.
Dont Monsieur, Maistre, Hierosme

me hermes Bolſec, docteur en me
decine: faict mention en ſes commentaires de la vie de caluin. Les 19
Turcs deburoiẽt chommer le mar
dy à Mars, & les Chreſtiẽs le Ieudy à Iupiter, cõme les Iuïfz le ſab-
bat à Saturne, puis qu'ilz ſont peres ſinguliers de leurs religions.

SEC. XXII.

Si lon peult aſſeuremẽt prédire 20
les aduentures, & choſes futures,
par les Aſtres, Cõme la mort d'vn
tel, vn tel Iour, en telle façon, la
mutation de religion, & qu'elle
ell'-ſera : ſa durée, ſon eſtendue, le
changement d'eſtat, & la grãdeur
d'vn tel. La prophetie, & ſçience
diuine, n'excede poinct les limites
de noſtre eſprit. Et les propheties
ne ſõt ſupernaturelles. Auſſi ſeroit 21
facille d'obuier aux mutations &
deſ-aſtres futurs. Si non qu'ilz fuſ-

ſent in-éuitables. C. qu'ilz n'oſent dire. SEC. XXIII.

Nous auons deſ-ja au par-auãt reiecté l'impieté des aſtrologues, & n'euſt eſté de beſoin rien repeter, ſi-non pour adiouſter quelque choſe à ce que nous auons deſ-ja touché, & pour l'explicquer plꝰ fa
22 cillement. Dieu expreſſement reprend la temerité, & abus de ceux qui penſent deuiner la guerre, la paix, la cõſeruation, & chãgement de l'eſtat: les captiuitez, la mort, ou la vie des hommes, les peſtes, & famines, par le cours des Aſtres: *Eſa.* 44.24.25. & 47.12.13.14. *Ierem.* 10. 2. 3. Iamais le Prophete n'euſt taxé cela, non plꝰ q; les autres meſtiers, ars, & ſciences, ſi telle façon de prédire les choſes à aduenir, euſt eſté certaine, & naturelle.
23 Semblablement Dieu ne nous à iamais

iamais renuoyé aux Aſtres pour ſçauoir les aduẽtures futures,& ne nous à iamais blaſmez,q; nous n'y regardiõs pour préuoir nos miſeres futures,ce qu'il euſt ſans doute faict,& qui euſt bien ſerui à confirmer ces menaces, ſi c'euſt eſté vne ſçience. SEC. XXIIII.

Au temps de Noé,Abraham, Ioſeph, & de Moyſe les hommes faiſoyent grãde profeſſion de l'aſtrologie.Et toutef-fois ny en euſt pas vn, qui pronoſticaſt, ou ſe donnaſt garde du deluge, du feu,de la famine, & de la mer rouge, ains y perirẽt tous. Or au iour-d'huy apres que c'eſt faict, ilz deuinent belles conionctions des planettes,& conſtellations,qu'ilz feignent auoir eſté cauſe de ce-la.En fin ſi lon pou- 25
uoit ainſi aſſeuremẽt deuiner toutes choſes futures, la prouidence

de Dieu, la liberté des hommes, dont ilz vsent sur les loys de nature à leur plaisir, ne auroit plus
26 de lieu. Il est certain que nature ne mõtre pas tout: & que les hommes ne cognoissent pas asseurement tout ce qu'elle montre. Aussi tout ne se faict pas selon le cõmun cours de nature. Et ce qui est indiferent pour estre excecuté de Dieu, & de nous, n'est pas autrement montre en nature, sinon qu'elle feust vn faux docteur & messaiger Par-quoy les Astrologues abusent prédisans asseuremẽt, par l'enseignement de nature, ce qui est caché, ou mõtré indeterminement.

D'aucuns arguments d'illustre Seigneur Iehan Pic, Conte de la Mirãdolle, contre l'Astrologie. CHAP. IX.

SECTION. I.

Ceux qui ont leü les œuures, & disputes

diſputes de l'illuſtre Seigneur Iean Pic, confeſſeront, que c'eſtoit vng miracle en nature de veoir vng ſi ieune hõme, tant ſubtil, Inuentif, & riche en diuerſité de ſçiences, richeſſes, & beauté. Or il c'eſt tant a-heurté cõtre labus de l'Aſtrologie qu'il à preſque rẽuerſé toute la ſciẽce. En quoy il à excedé la modeſtie de nos anciẽs Chreſtiẽs, des Scolaſticques, & des Philoſophes meſmes. Ce que ie penſe lui eſtre auenu d'ardeur d'eſprit, & du zelle qu'il à eü cõtre l'impieté des Aſtrologues Italiens de ſon temps. Il à faict cõme l'Ariſtote, qui excedoit en confutant l'opinion contraire à la ſiẽne, à l'exemple de celuy, qui vouloit dreſſer vn baſton, & le renuerſoit exeſſiuemẽt de l'autre coſté, aultrement il ne l'euſt dreſſé.

SEC. II.

Les ſcolaſticques ont eſtimé, & à bon droict, qu'il failloit demeurer en la rectitude de la reigle, & la arreſter la reſolution, & y examiner toute doctrine, pour dõner lieu à toute celle, qui directement n'y contreuiendroit point. Auſſi ilz ont confeſſé, que les Aſtres peu uent aucunemẽt ayder, ou nuïre, à lexecution des actions que l'ame faict par les organes du corps mal tẽperé. Car l'ame ne peult faire ſes functiõs par le corps mal diſpoſé, comme nous voyons es aueugles, lunaticques, phreneticques, letargicques, & ſemblables. Mais l'on ne peult cognoiſtre par les Aſtres, qui ſont ces perſonnes la, n'y com bien eſt grande l'influance.

Augu. lib.5. de. ciuit. dei cap. 6. 7 damaſcẽ lib. 2 cap 7. ortod. fid Tho. cõtra gẽ tes. lib. 3. cap. 82. & 84.

SEC. III.

Le Seigneur Iean Pic. Obiecte, Le Ciël, chaſcun Aſtre, la lumiere,

&

& le mouuemẽt ſont cauſes generales, & indeterminés, & pour-ce operent naturelement, neceſſairement, & eſgalemẽt, ſans determiner leur effect: car il eſt determiné par la diſpoſition de la cauſe inferieure, comme la lumiere du ſoleil diſſoult la cire, & ẽdurciſt la bouë pour le diuers temperament de la cire, & de la fange. Et l'Aſtre ne produiſt du cheual vn lion, auſſi de la ſemence, & iument debiles ne peult produire, qu'vn poulain, & cheual debile. Par-quoy les effects deſpẽdent, & prouiẽnent des cauſes inferieures, & du diuers temperament d'vn chaſcun indiuidu, qui determine la cõmune action de l'Aſtre à ſon particulier temperament. Par-quoy l'influãce celeſte ne faict rien, ains le ſeul temperament particulier: donc l'Aſtrolo

gie

gie n'eſt qu'vne impoſture.

SEC. IIII.

Largument precedent dict bien, que le Ciël eſt vne cauſe generalle, & les planettes auſſi. Mais il obmet, qu'il à diuerſes vertus, & proprietés ſelon ſes diuerſes parties ſubiectz diuers, & planettes. Et pour-ce il opere diuerſement & inegalement. Secõdement, la cauſe vniuerſelle produict effectz diuers ſelon la diuerſité des ſubiectz car elle determine ſes effectz ſelon la capacité & diuerſité des cauſes inferieures. Or attendu que nous ne cognoiſſons point exactement, & diſtinctemét le temperament de la cauſe ſubalterne & inmediate, laquelle toutef-fois eſt l'inſtrument, & raiſon d'operer à la cauſe ſuperieure. il ſenſuit que en cognoiſſant les Aſtres nous ne pouuons

pouuons ſçauoir aſſeurement les aduentures & faictz particuliers içy bas, ou les Aſtres determinent leurs actions ſelon la capacité & temperament des cauſes ſecondes & inmediates, finallement les planettes, Eſtoilles, ſignes, ſiéges, aſpectz, poſitiõs, & cõiunctions ſont diuerſes, & les effectz par conſequent ſeront diuers.

SEC. V.

Les Philoſophes ont dict, que les premieres & generalles cauſes n'eſtoyent point efficientes, ſinon qu'elles imprimaſſent la vertu d'operer es cauſes ſecondes. Donc les cauſes generales & premieres ſont actiues, les ſecondes ſont paſſiues auant que rien produireapres. Les cauſes premieres ſont cauſes que les ſecondes operent, cõme recepuantes leur vertu d'operer des ſuperieuperieures. Or attendu q; vne chaſcune vertu & énergie eſt receuë ſelon la diſpoſition & capacité du recepuant, & ſelon la vertu de l'agent. Il aduient que combien que la vertu d'operer qui eſt ou Ciël ſoit naturelle, vniuocq;, & neceſſaire, eſt diuerſe, & cõtingente, à cauſe de l'inferieur agent, par le-quel diuerſement la cauſe ſuperieure determine , & limité ſes actions, Dõcq le Ciël produiſt diuerſemẽt par diuerſes beſtes. Par le cheual froit, & ſterille, ne produiſt rien. Par le debille, vn poulain debille, par le vif & fort , vn poulain fort. Par le fecund, abondance de poulains. SEC. VI.

Auſſi que l'artiſant & ouurier produiſt choſes merueilleuſes par le feu, par l'eau, ou par quelque autre inſtrument, ce qu'il ne ſçauroit aultre-

aultrement. Auſſi la poſition du Ciël faict d'admirables effectz par le temperament des cauſes inferieures, qu'autremẽt il ne ſçauroit faire. Celuy donc qui cognoiſt l'ouurier, ſa vertu, & ſon induſtrie, ne cognoiſt rien, ſ'il ne cognoiſt l'inſtrument, la nature, le temperament, & l'entiere façon comment l'artiſan ſ'en ſeruira. Auſſi la vertu, la poſition des Aſtres exactement cognuz, ne ſont rien ſi l'on ne cognoiſt ce qui eſt embas. Par-quoy l'Aſtrologie iudiciaire, n'eſt qu'vne impoſture. Semblablemẽt, ainſi que l'artiſan par vn tel inſtrument, & de telle matiere, ne peult produire que tel effect, & que ſelon la diuerſité des inſtrumens, & de la matiere il produiſt diuers effectz. Ainſi les Aſtres font ſelon la condition & matiere des diuerſes

cauſes

causes secõdes, diuers effectz, comme par le cheual, le cheual par le Lyon, le Lyon.

SEC. VII.

Attendu que la diuersité des effects prouient tant de l'artisan, & de l'instrument, que de la matiére. Ainsi la position du Ciël, & la diuersité des causes secondes produisent diuers effectz. Par-quoy Piccus colligeoit mal, que le Ciël n'auoit influence diuerse n'y particuliere, puis qu'il estoit cause generalle, & puis qu'il ne pouuoit produire vn lyon, q; par vn lyon, car la diuersité des effects vient d'autre consideration que de la, cõme nous auõs declaré. Ce neãtmoins il est probable, qu'il y à certains animaux, qui n'engendrent point, qu'en temps determiné. Et pour-ce cela vient du temperament mẽt,& diposition des causes secõdes, plus que de la position des Astres, lesquels accommodent leurs actiõs selon le temperamẽt d'vne chascune cause inferieure.

SEC. VIII.

Le Seigneur Piccus se trompe, quand il estime les Astres operer en vne sorte seulemẽt, pour-ce qu' ilz ont cõmunemẽt vne mesme lumiere, & mouuement, & ne regarde pas que les vns Astres en ont plus, les aultres en ont moins, & pour-ce operent diuersement. Secõdement il est probable, que leur lumiere est diuerse, & differente, comme sont les Astres entre eux mesmes. Et pour-ce opere diuersement. Troisiesmemẽt les Astres ont vertus particulieres d'eschaufer, d'a-secher, d'humecter, & de en froidir selon l'espece, & l'indiuidu

uidu d'vn chaſcun Aſtre, auquel eſt atrempé, & accõmode la commune adminiſtration de la lumiere, en general pour produire diuers effectz. Par-quoy les vertus particulieres des Aſtres, ſont proprietés ſingulieres de la lumiere, entant qu'elle cõuient à vn tel Aſtre, qui eſchauffe, ou de-ſeche, ou humecte, ou refroidiſt, cõme auec les Philoſophes ont confeſſé les docteurs ſcholaſticques. Les aultres ont dict qu'il eſtoit probable que la vertu particuliere de l'Aſtre eſtoit vne qualité agente en l'Aſtre diſtincte de la cõmune lumiere, qui par ſa vertu tiroit la lumiere à vn tel, ou à vn tel effect.

SEC. IX.

Sy la lumiere eſtoit en vn chaſcun Aſtre accõmodée toute d'vne meſme façon, elle n'auroit que vn meſme

mesme effect. Or attendu qu'elle y est diuersement, elle faict diuers œuures. Et puis que chascun Astre à sa particuliere qualité, la lumiere est rengée à l'effect par la diuersité de chascune qualité. En fin la diuerse cõplexion des causes inferieures est limitée par l'Astre superieur diuersement, selon qu'il est le plus conuenable, & moins violant. Par-quoy la position, le mouuement, & conionction des estoilles simbolisãtes, moyénentes ou contrarientes, ayde, reprime, ou moyenne les effectz, Le chaud fortifié le chaud & lembrase, deux estoilles ou plusieurs chaudes, auec la complexion chaude, le ferõt sec & ardãt, les froides le modifierõt. Car ell' operent non seulement selon la lumiere commune, mays aussi selon la particuliere, & selon la disposition des subiectz.

SEC. X.

Le seigneur conte Iehan Pic, dict phœnix pour sa beauté, & admirable esprit demande, Si la lumiere tient en soy, les quatres qualitez, qui repugnent essentiellement. Et attendu, qu'ell' ne les contiêt comment luy attribuent lon diuerses operations. A ce-cy nous respondons, que la lumiere contient la chaleur, & qualite accompaignãte naturellement la dicte chaleur cõme est secheresse, & que humidite, & froideur sont en la defaillance de lumiere. Et pour-ce ell'est dicte humecter, & enfroidir negatiuement, quand ell'est trop loin ou debilie, ou que le subiect y est trop rebelle. Or voila ce que la lumiere à subiectiuement en soy, soit par action, ou par carence, donc nous

en

en voyons ces diuers effectz. Secondement nous pouuons respondre, que la lumiere n'a aucune qualite premiere en soy subiectiuement, ains seulemēt virtuellemēt, & par éminance. Par-quoy il ne repugne à la lumiere d'estre instrument de diuerses qualités, cōbien qu'elles repugnent en soy phisicquement. Ell' ne repugnent toutes-foys en la lumiere, qui ne les contient, que vertuellement.

SEC. XI.

Nous pouuons dauantage dire, que la lumiere en soy, & en general, ne contient pas les quatre qualites, si-non en tant qu'ell'est accommodée & attēperée à diuers astres, de diuerses natures, pour effectuer diuers effectz. En fin, pose le cas, que la lumiere ne contint q; vne qualite en soy, si est ce qu'elle ne laiſſeroit à auoir diuerſes operations, contre lopinion de picus, tant à cauſe des qualités particulieres des aſtres, que du diuers tẽperament des cauſes inferieures, ſelon leſ-quelles choſes, la lumiere ſe limitoit à operer diuers effectz.

SEC. XII.

Le ſeigneur Iehan Pic pourſuit ſon diſcours, par le quel il eſbrãſle auſſi bien la vraye aſtrologie, que l'imaginaire. Mais il fault tellement renuerſer la feincte, que la vraye demeure. Or il dict. Quand quelque choſe conuient à quelqu'vn par vne proprieté cõmune, comme à l'homme d'eſtre animal. Il ne luy peult conuenir vne proprieté particuliere, qui repugne à la commune, comme eſtre inſenſible ne peult conuenir à l'homme car il repugne à ſa nature, cõmune

Or

Or attendu que eſchauffer, & lumiere conuiennent cõmunement aux Aſtres,il leur repugne,humecter,ou refroidir d'vne vertu particuliere. Par-quoy l'Aſtrologie, meſmes philicque qui dict ce-la, eſt vne aſnerie, de ces argumentz, que Iehan Pic à eſtime vrays, il à baſti la plus part de ces liures. Et n'a pas regarde que les bons philoſophes chreſtiens: Comme, S. Iuſtin, Damaſcéne, Magnetes, & Saіnct Auguſtin, les doctes ſçolaſticques. Cõme Maiſtre P Lombart,Alexandre,Albert. S. Thomas.S.Bonnauenture & les autrés auoiét tacitement attaint, & vuidé les arguments,qu'il met en ieu. Comme il faict aucuneſ-fois ailleurs en magnifiant ſoubz main ſes opinions, ou celles des platoniciens, laiſſant ſans vrgentes raiſons la cõmune opinion des Philoſophes, Doctcurs, ou Scolaſticques, ce qui eſt argumẽt de érudiction, ou legereté. Il eſt toutesſ-fois licite laiſſer l'opinion d'vn Docteur, quand la verité euidẽment, au iugement de tous les aultres, nous y contrainct, & non autremẽt. Car cela reſſentiroit ſa temerité, legereté, ou hereſie.

SEC. XIII.

Il eſt bien vray, que ſi le Ciel, ou l'Aſtre eſtoyent chauds formellement, intrinſecquement, & ſubiectiuement, il ne pourroit eſtre froit, mais c'eſt aultre choſe vertuellemẽt, & en effect. Car le Ciel en ſoy n'eſt n'y chaud, n'y froit, & pour-ce froidir & eſchaufer luy conuient ſeulement vertuellemẽt, en ſes effectz, & extrinſecquemẽt, ce qui ne repugne, comme il faict formel-

formellement, & ſubiectiuement, ainſi que propoſoit l'argument de Picus. Car operer virtuellement, & par eminence eſt aultre choſe, que ſubiectiuemēt. Le Soleil donc peult operer diuerſes choſes, car il à diuerſes vertus. Secondement, les qualités contraires es cauſes, & es effectz particuliers, ne ſont point cōtraires es cauſes generalles. Or la lumiere en ſoy, le Ciël, & les Aſtres ſont cauſes generalles, & pour-ce ont propriétés diuerſes. Mais la lumiete de c'eſt Aſtre ſubiectiuement accordée à telle qualité, pour enfroidir, ne ſçauroit eſchaufer. Pic donc collige mal quād il veult de la repugnāce formelle inferer la virtuelle, & de la particuliere contrariété inferer la generalle, n'ignorant que beaucoup de choſes repugnent en particulier, qui peuuent conuenir en general. SEC. XIIII.

Le Seigneur Picus pourſuit ſes raiſons,& dict. Si la Lune eſchaufe par ſa lumiere cõmune, & enfroidiſt par ſa qualité particuliere, enſemble elle enfroidiſt, & eſchauffe l'Aër : ce qui ſemble impoſſible. Donc l'Aſtrologie, meſme philicque, comme l'on l'enſeigne, n'eſt qu'vne impoſture, la reſpõce á cecy eſt facille, en diſant, qu'il y à des degrez,moyens, tiédes, & laſches, entre la chaleur & froideur, entre ſec & humide, eſ-quelz les Aſtres peuuent beſongner ſelon leurs diuerſes vertus. Et pour-ce il ne repugne point que vng Aſtre eſchauffe, & froidiſt l'Aër enſemble. Secõdement, la vertu plus forte de l'vn des contraires ſurmonte l'autre, auec vn effect toutef-fois

propre

propre à vn tel effort. Par-quoy la froide humidité de la Lune gaigne aucunes fois la chaleur & secheresse, quand elle n'a qu'vn peu de lumiere. Et quand c'est à la pleine Lune, qu'elle est par tout lumineuse, alors la lumiere, & chaleur gaignent. Car selon Aristote, les nuicts de la pleine Lune sont plus chaudes, que les autres. Toutesfois, c'este chaleur est tous-jours moite & lunaire. Et pour-ce, l'on voit que deux cõtraires conuiennẽt en degrez moyens. Item qu'ilz font cõme vne qualité composée, & tirant des deux partis. *Arist. d part. anima.*

SEC. XV.

Finablement, Pic obiecte, la diuersité de deux Iemeaux comme Esaü, & Iacob. Procles, & Cirestes qui ont esté nez souz vne constellatiõ, entre lesquelz pour le moins il y à eu si peu de differance, qu'ilz ont eû vn mesme ascēdant. Mesme seigneur de la geniture, & mesmes maisons du Ciël. La diuersité donc ne vient pas de la position des Astres, n'y de leur influāce, autrement ilz eussent esté du tout, ou bien pres semblables. La responce est clere, en disant, que l'influance & action des causes superieures se determine, limite, & doucement s'accommode sans violance d'vn merueilleux artifice au temperamēt, & cōdition particuliere d'vn chascun indiuidu selon qu'il est capable, & qu'il luy est le plus cōuenable. Et de la vient la diuersité des personnes, tant du Ciël, que d'en-bas du Ciël, se determinant selon qu'en est capable le temperament particulier, & du temperament, selon qu'il est instrumēt seruant

uant au Ciël à ce determiner. Car ainsi que le Ciel n'effectue rien sans les causes inferieures, aussi celles d'embas ne font rien sans le Ciël.

CHAP. X.

Les raisons des faux Astrologues.

SEC. I.

Moyse, disent Ilz, Prince des Prophettes, à dict en Gen. chap. 1. Que les Astres estoyent au Ciël pour estre signes de Guerre, de Paix, de Famine, de Fertilité, & de telz aultres euenemēts. Nous respondons, que Moyse dict expressemēt, que les Astres sont au Ciël pour donner iour & nuict par la grandeur, ou petitesse de leur lumiere pour discerner les iours, les nuictz, les moys, les saisons, & les ans. Mais pour deuiner la paix & la guerre Moyse n'en dict rien. Et

Colom. in. suo Libr.

Genese. 1. 14. 15

Genese. 8. 22.

attribuer telle doctrine à Moyse est sacrilege impudent.

SEC. II

Act. 7. Moyse & Daniel selon que ra-
.22 compte l'escripture, ont esté sça-
Dani. 1 uans en toute la sapiẽce des Egip-
4. 20. tiens, & Caldeans, qui estoit l'A-
strologie iudiciaire. Parquoy ilz ont preueu & predict l'estat futur des quatres Monarchies, cõme auoit faict Ionicus filz de Noé, long temps au parauant, comme recitent Methodius, & Vincent en son historial. A cecy nous disons que l'escripture ne dict rien de Moyse & Daniel touchãt l'Astrologie iudiciaire. Aussi n'estoit elle pas encore. Et si des-ia elle estoit, plustost l'ont corrigée & detestée, qu'en-suiuie. Aussi ne peult on monstrer qu'ilz en ayent vsé. Car il y a bien à dire entre sçauoir le

mal, & en vser. Dauantaige nous croyõs Moyse & Daniel Prophetes. Et par ce auoir Prophetizé le futur estat du monde par diuine inspiration, & non par la fauce & incertaine Astrologie iudiciaire pleine de superstition. Quand aux predictiõs de Ionicus dont Moyse ne faict mẽtion s'il à predict quelque chose de certain touchãt le futur estat des quatre Monarchies, il l'auoit aprins par diuine reuelation, à luy cõmunicquée ou à ses predecesseurs. Ce que l'orgueil des hommes à vilainement prophané en l'attribuãt à l'Astrologie iudiciaire. SEC. III.

De mesme façon nos Astrologues du iourd'huy attribuent aux Astres, ce qui nous est prédict & que l'on apprend aux Sainctes Escriptures, ou aux propheties eccle

siasticques, ou qui se collige par la
Iob. 4. conferance & vsage des histoires
19. passées auec l'estat present, ou in-
Iob. 9. minent. Et pour auctoriser leur o-
9. pinion alleguent que l'escripture
Iob 38 faict mention des hyades, ourses,
31. 32. pleiades, ou poussiniere, virgilia-
Ham. nes, arturus orion, & aultres Es-
Esaiay toilles auec leurs delices, leurs em
13. 10. peschements, leurs conduicte, & de leurs enfans, cõme les prophanes ont laissé par escrit. *Virg l. 3. Georgic. & ac aenei. Horace. in Epod. Aul. gel. lib. 2. cap. 21 & lib. 1. cap. 9.* Donc la science de l'Astrologie Iudiciaire est fondée mesmes en la Saincte parolle. Nous concedons qu'il ya diuerses Estoilles au Ciel, & qu'elles ont diuerses saisons á leur leuer & coucher. Et qu'il se faict diuers effectz par leur seruice en Nature. Mais que par

par la l'on cognoisse la paix ou la guerre, ou par la, la mort de quelqu'vn en particulier. C'est vn songe. Aussi l'escripture n'en dict rien, cõbien qu'elle face mention de leur saison, & lumiere. Aussi nous ne sommes point réuoyez la pour sçauoir les choses à aduenir.

SEC. IIII.

Ilz mettẽt en auant, que Ioseph, & Daniel ont deuine par la sciẽce des astres les futures aduentures. Adam & Seth ont faict profession de l'astrologie predisans la fin du monde par leau, & par le feu escripuant la dicte science en coulonnes pour la posterité. Noé aussy par astrologie cogneut le deluge. Et Ionic son filz l'estat des monarches. Cham dict Zoroaste, & mitsranin son filz en firent profession. Abraham par lastrologie iu-

Gen. 41 & 44. 15. Daniel 1, 4. & 2. 22. 22. Ioseph. libr 1. antiquitat. cap 2. & 8

diciaire preueüt la famine en Canaam. Les Caldeans, Babiloniens, Persans, Aegiptiens, & Grecz, prinrent les canons de l'Astrologie iudiciaire des caracteres Hieroglificques escriptz en la colonne de marbre par Seth, & qui plus est, Balaam par l'astrologie iudiciaire predist la bõne fortune d'Israël. Et les troys mages cogneürẽt
Mat. 2 par vne estoille la natiuité de no-
Math. stre Seigneur: lequel en leuangille
2. 29 nous renuoye aux signes cœlestes
Marc. pour presagier son aduenement
13 24. estre prochain. Et qui plus est Da-
25. uid dict, que les Cieux racomptẽt
Luc. 21 la gloire de Dieu, Et le firmament
25. anonce les œuures de ses mains.
psal. 18 Ce que sainct Paul confirme ex-
Roma. pressement parlant à l'Eglise Ro-
1. 20. maine. & des Hebrieux. Quand il
Hebre 11. 3. dict que, L'eternelle vertu de Di-

eu, ſa diuinité, & aultres choſes inuiſibles ſont cogneüz par les choſes ſenſibles, par-quoy l'Aſtrologie iudiciaire à eſté praticquée de toute antiquité des plus gens de bien du mõde, qui luy ont donné teſmoignage.

SEC. V.

No⁹ ne voulõs nier, que Adam, Seth, Noe, Abraham, Ioſeph, Daniel, Balaam, les troys Roys, & autres ſemblables n'aient preueü & dict les myſteres futurs. Mais c'á eſté par diuine inſpiratiõ, par ſaincte & ancienne tradition, par euidente raiſon, ou par probable coniecture, & non par l'Aſtrologie iudiciaire, de laquelle ne peult leur probité auoir eſté polué. Et ceulx, qui en ont faict eſtat, ont eſté renduz ridicules, & aſniers dauãt Pharaö & Nebucadneſer au temps de

Ioseph & Daniel. Et ne se trouue aucun tesmoing ancien digne de foy, qui die qu'ilz ont prophetizé les choses futures par l'Astrologie iudiciaire, sans la diuine inspiration, & tradition. Nous ne doubtons poinct qu'il n'y ait eü de meschans sacrileges, qui ont predict & attribué aux Astres, ce qu'ilz auoyét aprins d'ailleurs: comme font nos astromores du Iourdhuy. Dauantaige si la fin du monde par Eau, & par Feu, si le deluge, si les famines cananeannes, & Aegiptiennes, si les mutations des sceptres: si les songes, si le dernier aduenemét de nostre Seigneur, & supernaturelles & non accoustumes impréssions aux Astres, elementz, royaulmes, & personnes eussent esté graués en l'Astrologie iudiciaire. Il n'eust esté de besoing que nostre ſtrè Seigneur l'euſt predict. *Luc.* 21. 25. Auſſi les prophetes, noſtre Seigneur, & les Apoſtres, ne meriteroyẽt point entieremẽt le nom de vrays prophétes. Et qui plus eſt telle doctrine ne ſeroit ſupernaturelle. Finablement la meilleure partïe de noz ſainctes eſcritures ſeroit ſubiecte à lexperience lunaire: ce qui eſt plain d'impieté. doncq il eſt euident, que l'Aſtrologie iudiciaire n'eſt qu'vne impudante impoſture.

SEC. VI.

Adam, Seth, Noe, Abraham, Iſaac, Iacob, Ioſeph, Balaam. & Daniel, ont prophetizé les choſes futures par diuine inſpirotion, comme l'eſcriture Saincte dict expreſſement. Et non par l'Aſtrologie iudiciaire, cõme ſongent noz aſtrolaſtres. Les Roys ſont venuz ado-

rer nostre Seigneur ayãs veu son
Tertu. estoille enseignez par la tradition
de ani. prophetique de Balaam. Et inspi-
& de rez diuinement, & non par l'A-
idolol. strologie qui ne traicte poinct des
Hiero- cõmettes miraculeuses, & extra-
ni. in ordinaires, comme estoit ceste cy.
Math. Aussi ne se trouue regle es mathe-
& Da maticques qui demõstre, que l'E-
ni. l. stoille vienne à l'enfant, & tienne
Hilar. la region, & mouuemẽt vnicque,
in Mat que faisoit ceste cy. Semblable-
& de ment nostre Dieu à predict les si-
Trinit. gnes espouuantables es corps cœ-
Origen lestes, & elementaires, presagier
Chryso la fin du monde, & le diuin iuge-
& alii ment, ce que l'Astrologie, qui
in Mat faict le monde eternel, & qui ne
cap. 2. presagist que des choses naturel-
Math. les & accoustumées, n'eust peu pre
24. 29 dire. Par-quoy il est euident, que
Mar 13 les Astrologues ne cognoissent les
24. 25 Lu. 21 25.

actions

actiõs futures de Dieu, ny des hõmes. Car mesmes sans l'Euangile, & prophetie lon ne cognoistroit poinct que signifiroyent les horribles alterations es corps cœlestes, & elementaires, auant le iugement. SEC. VII.

Nous croyons que les Cieux racontent la gloire de Dieu: & non les impostures astronomicques. Nous tenons auec Dauid, que le firmament annonce l'œuure des mains de Dieu, & non les songes iudiciaires qui sont la gloire, & les œuures des astromores, & non de Dieu. Nous aduouons auec S. Paul que celuy, qui serieusement considerera l'excellence, l'ordre, la solidité, & action des corps cœlestes sera acheminé à cognoistre la diuine, & ĩfinie maiesté de l'autheur d'iceux. Or les grecs, rommains, idola-

psal. 18

Roma. 1. 20. Hebre. 11. 3.

idolastres, & Iulian lapostat y ont lourde nét failli, comme monstre S. Cyrille, disant. Combien que les Cieux soiét stables, & durables combien que leur ordre soit admirable, & cóme immuable, si est ce que ny les Cieux, ny les Astres ne sont Dieux, comme Iulian à faucement estimé auec les grecs: ne ayant consideré qne S. Paul enseigne que de la lon peult cognoistre Dieu, en voiant leur ferme nature, leur ordre asseuré, & lumiere profitable. De ce il est manifeste que lon préd argument de la diuinité eternelle de Dieu. Mais que lon iuge par la: les actions futures des hommes, & les destinées fatales S. Paul n'en dict rien. Car telle opinion est pleine d'impieté comme monstre le mesme S. Cyrille en ses doctes commentaires sur

ſur *Eſaye*. diſant. Que tes aſtrologues du Ciel ſe arreſtēt, & te ſauuent, & que ceux qui cōtēplent les eſtoilles te anoncent ce qui te aduiendra. Oultre les magiciens & enchanteurs, les aſtrologues ſont vn aultre ordre de baueurs. Car ilz ont feinct qu'ilz ſçauoyēt exactement les leuers, & couches des eſtoilles: & qu'ilz meſuroint aſſeurement le mouuement d'vne chaſcune, d'ou elle vient, & ou elle va. Or il ont aſſeuré que par c'eſte fauce diſcipline, ilz auoiēt attaint la cognoiſſāce des choſes futures. Pour c'eſte cauſe, ſilz ne ſōt point menteurs, & ſi les eſtoilles les mettent au rang des prophetes, qu'ilz dient aſſeurement les aduenemēs futurs. Mais ilz ne ſçauroient comme dict Dieu par ſon prophete. *Cirille. Alex. lib. 4. in Eſa. Cap. 47*

Eſay. 47. 13.

SEC. VIII.

Ilz alleguent que S. Iehan damascene, dict que le commette est faict pour signifier la mort des Roys, princes, & des grands: pour denoncer les ventz tres-grãds, tumultes en terre, & tempestes sur la mer. Nous respõdons qu'il ya bien à dire entre les commettes, & les fatalles destinées iudiciaires des astres. Aristote à traicté de lorigine composition, & effectz des commettes, les philosophes & medecins y ont eu esgard, mais n'ont tenu conte des imaginaires influances de l'Astrologie iudiciaire. Secondement S. Iehan damascene, ne dict pas les parolles, que luy attribue liberati. Voicy ces propres parolles. *lib. 2. orthod. fid. cap.* 7. Nous disons que les astres ne sont poinct causes de naissances, ny de

la mort

la mort des choſes, qui ſont, ou qui meurēt. Ains pluſtoſt ſōt ſignes par leſquels ſont monſtrez les pluyes, & mutations de l'ær. Cōbien que par aduenture, il ſe treuuer aque qu'vn qui dira, qu'elles ſont ſignes de guerre, & nō cauſes : iuſquer icy S. Iehan Damaſcene. SEC. IX.

Le meſme Autheur dict bien ſouuent d'auantaige : Il y ha des commettes qui auancent les derniers iours des grands Princes. Toutesfois ces cōmettes ne ſont du nombre des Aſtres, qui ont eſté créez au commancement du monde, ains ilz ſont compoſez en temps certuins par le commandement de Dieu : & de rechief, ſeſcoulent. Voila les parolles de S. Iean Damaſcene. Or il ne dict rien de la Paix, ny de la Guerre, par les commettes,& celles dont il parle ſont miraculeuſes, pluſtoſt que naturelles. Quand eſt de la mort des grans, entendue par les commettes extraordinaires, comme en la Natiuité de noſtre Seigneur, & en la ruine de Hieruſalem, cela excede l'Aſtrologie. & vient de Dieu, qui en reuelle la ſignification à qui il luy plaiſt. Touchant les commettes naturelles & ordinaires, elles ont action phiſicque ſur les corps, non ſeulement des grands mais auſſi de chacun animal, de l'alterer, debiliter, maintenir, ou fortiffier ſçelon la ſimpatie ou antipatie qui eſt entre la commette,& les corps elementez, cõme bien confeſſeront ceulx qui auront leu diligemment S. Iean Damaſcene, au lieu prealegué.

SEC. X.

Vn peu au parauant, il dict en ce mesme chapitre septiesme. Les Gentilz tiennent asseuréement, que toutes choses sont gouuernees par le leuer, par le coucher, & par la collision du Soleil & de la Lune : Et en cela gist l'Astrologie. Nous, au contraire ne nions pas, que la pluye, le beau temps, le froid, & le chault l'humide, & le sec, les ventz & aultres choses semblables ne soyent par eulx signiffiez : mais nous nyons qu'elles apportent aucun ou mauuais Augure à noz actiõs. De ce est manifeste que Sainct Iehan Damascene à destruict l'Astrologie iudiciaire, qui est des actions & aduentures humaines, & particulieres.

SEC. XI.

Ilz alleguent des coniunctions Astronomicques & commettes, & signes merueilleux au Ciel, qui ont paru plusieursfois, & par plusieurs mois, comme auant le deluge, auant l'incendium de Sodome & Gomorre, auant la ruine d'Egypte en la Mer rouge, auant la fin des Monarchies Persannes & Grecques, auant la ruine de Hierusalem, auant la naissance de Mahommet soubs l'Empereur Maurice. Item que l'an 325 vn commette apparut, monstrant la diuision des Chrestiens par Arius, & la translation de l'Empire Romain à Cõstantinoble L'an 1264. lon veit vn commette qui presagea la mort du Pape Vrbain 4. mourant la premiere nuit qu'il apparut: il mõstroit la transflation de l'Empire Almen, & des Royaulmes Neapolitain & Scicilien aux Françoys. Ilz mettent en auant plusieurs telz commettes, auecq' les cas qui sont ensuyuiz, comme l'an 1300. il apparut vn commette montrant l'acroissement du Mahometisme, & diminution du Christianisme. Et l'an 1301. vn commetre fut veu, qui presageoit la mort de Boniface Pape, la rebellion des Brugeois, qui tuerent les François, & plusieurs maulx que fist Charles de Valloys, Frere du Roy de France aux Italiens. L'an 1552. apparut vn commette au Scorpion, qui presinit la mort violente du Roy Henry, 1559. L'an 1556. fut veu vn commette, presageant mutation de Religion, mort de Princes, & vne grand peste. L'an 1572. apres la pugnition des maulx permis, apparut vng commette, qui montra les maulx que nous endurons. Et celuy de ceste annee 1577. presinist seditions, extermination de Princes, & mutation de Religion, auec vne multitude de maux au Roy Catholicque. En fin les grandes coniunctions presagent mutation de Monarchies & Religion, auecq' publication d'vne Loy nouuelle, l'an 1580. ou bien 1583. & 1585.

SEC. XII.

Respo. Il n'y a doubte du monde que
psalme Dieu donne des aduertissementz
59.6. aux humains, pour fuir la fleche de son arc, & pour se donner garde, & se retourner à luy, comme est l'arc au Ciel, qui est signe de l'aliance & misericorde de Dieu.

Gen. 9. 13. comme l'Estoile en la Natiuité de nostre Seigneur mõtroit la magnificence de son regne. Num. 24. 17. Le commette & l'Estoile comme espee. Les armes sur Hierusalem presageoient sa ruine. Euseb. libr. 3. Hist. Eccle. capit. 8. laquelle ruine auoit esté Prophetisee par nostre Seigneur. Luc. 19. 41. 42. & 21. 20. Mais nous deuinõs cela (a) par cõiectures, ou par experiences, ou le sçauons (b) par l'Escripture, & nõ par raison Astronomique. Or les prophanes Astromores attribuent aux Astres ce qu'ilz apprẽnent d'ailleurs : c'est assauoir, ou par raisons & cõiectures probables, ou par la collatiõ & rapport de choses semblables, ou par l'experience du passé, ou par la S. Escripture, ou par art Diabolique ;

Ioseph. libr. 7 de Bello Iudai. cap. 12.

(a) *Luc 2. 34.*

(b) *Luc 24. 25.*

tant manifeste qu'oculte.

SEC. XIII.

Nous leur montrons la ruine de l'Empire Assirien & Egyptien des Villes de Niniue, Babillonne, Memphis, La mort d'Adam, Abel, Noah, Abraham, les famines & fertillitez de Canaam & d'Egypte. La misere de Iuda, Samarie, Edom, Moab, & de plusieurs autres insignes Prouinces. Les Religions des Romains, Carthaginois, Manicheens, Pelagiens, Donatistes, Euangelicques, Religieux pretenduz reformez, sans l'vsaige de leurs influences & coniunctions Astronomiques.

Et de nostre temps, le descouurement & conuersion de l'Americque, ou la Religion Catholique a esté grandement amplifie, sans leurs predictions fatales. Parquoy les effectz qui en nature ont suyui, ou precede ces commettes ou conionctions des Astres, n'en sont aucunement venuz, ny dependans, car ilz seroyent ordinaires en toutes telles ruines & mutations, ains d'vne prouidence de Dieu singuliere, qui ha dressé des signes extraordinaires, quand il luy a pleu ou qu'il y a accommodé les espouuentables effectz de Nature, selon qu'il a iugé estre expediãt.

SEC. XIIII.

D'auantage, il est certain que telz signes, commettes & conionctions sont apparuz souuent sans que les effects pretéduz par la faulse Astrologie en soyent ensuyuiz. Et qui plus est, preuoir la mort particuliere des Princes & Princesses, & la predire en ar-

fice Prophetique, Isay. 38. 15. Et
3. Reg. 14. 12. . Et 21. 19. ac. 4.
Reg 1. 4. Autant est-il de plu-
(a) 2. sieurs (a) mortalitez, pestes (b) fa-
Regu. mines, & (c) guerres, que nous cō-
24. 5. gnoissons mieux par l'escripture.
(b) 2. Genes. 26. 1. ac. 42. 1. Leuit. 26.
Regū. 5. 14. Deut. 28. 2. 15. que par l'-
21. 1. Astrologie à laquelle Dieu ne
(c) 2. nous a renuoyez, ains à noz pe-
Regū. chez, & aux sainctz Prophetes,
22. 10 & non aux incertains Astrophi-
les. Bieu est vray, que l'Astrologie phisique aucunesfois en peut
coniecturer, & preuoir quelque
portion: mais l'Astrologie artificielle n'en peult rien asseuréement determiner, si elle ne l'ha
apprins d'ailleurs.

SEC. XV.

Outre, les ancient Astrologues, comme Seth, Enoch, Noé, Abraham, Moyſe, Daniel, & ſemblables, deſquelz ceux-cy diſent tenir leur Aſtrologie, n'ont rien predict de ces choſes icy que par l'eſprit de Prophetie, auxquelz les Aſtrologues contrediſoyent, auec le mõde, ne voulant croire à leurs ſainctes predictions. Parquoy ſi nous voulons garder la préeminence aux Prophetes, qui leur appartient. Les faulx Prophetes, par Aſtrologie ſ'euanouyront, Apres que ce deluge, & aultre telz cas ſont aduenuz, les Aſtrologues ont controuué certaines cauſes de cela és Aſtres Apres auſſi que l'experiẽce nous a monſtré beaucoup de choſes, & que la congnoiſſance de l'eſtat des grans nous ha ouuert chemin à parler probablement de l'aduenir. Les Aſtromates ont controuué vne artificielle ſcience, a laquelle ilz ont impudamment attribué cela.

SEC. XVI.

Les Aſtrologues mettent en auant, que pluſieurs cas aduiennent comme ilz ont predict, & par ainſi, que c'eſt vne ſcience. Saint Baſille, S. Chryſoſtome, S. Auguſtin, & noz Docteurs ont reſpondu à ceſt argument. Bien ſouuent aduiẽt ce que lon a ſonge, bien ſouuẽt eſchoit ce que les Batteleurs & babins ont dict, & toutesfois cela n'eſt non plus ſcience & aſſeurance, que les oracles prophanes. Les deuineries ſuperſtitieuſes, & les reuelations du Diable, qui contiennent aucunesfois verité. Par-ce, pour monſtrer l'Aſtrologie artificielle eſtre ſcience, il faudroit le demonstrer par principes euidents.

SEC. XVII.

Secondement, il aduient bien souuent autremẽt que n'ont predict les Astrologues. Et rarement aduient-il du tout, cõme ilz predisent. Donc leur profession n'est pas sçience, ains coniecture ou imposture. D'auantaige, si leurs predictions sont vrayes, naturelles & necessaires, comme ilz cuident monstrer par aucuns exemples, leur science n'apporte que tristesse & misere, predisant les ruines, ou il n'y ha remede. Et a ceste cause, il fault craindre les signes du Ciel, contre l'escripture. Si au contraire, comme veulent les autres, les predictions Astronomicques ne sont necessaires, & que l'on y peust obuier, pour-quoy perissent les Villes, changent les Republicques, meurent les grandz, sont riches aucuns, & les aultres pauures par les Astres, attendu que lon vse de leurs moyens possibles, sçelon le iugemẽt des Astrologues, pour obuier à telz desastres.

SEC. XVIII.

Les antiens Peres ont remonstré que ces Predictions des Ma-
4 thematiciens aduient, non pour l'inspection & nature des Astres, ains d'vn sort occulte, d'vne diuine prouidence & iugement inscrutable dont Dieu se sert iustement, en agitant les humaines pensees à predire les choses à aduenir, sçelon que merite la curiosité des demandans, la presumption des disans, & l'incredulité humaine. Et selon qu'il est expediant au salut du monde, cō-

Aug. libr. 5. de Ciu. cap. 4. ac. & lib. 2. i. Genes. cap. 17. ac lib. 7 cōfeßi.

me il eſt manifeſte és ſybilles & oracles des Dieux, & des miracles entre les prophanes pour les conuertir à Dieu, & pour nous ayder contre eux.

SEC. XIX.

Auſſi lon prononce beaucoup de choſes, en predilant que lon prent, & que lon entend aultrement que ceulx qui l'ont predict, comme le predire de Cayphe. Ioch. 11. 50. En telle façon, par cas fortuit, Alexandre Seuere fueilletant Virgille rencontra ces carmes cy auant qu'eſtre Empereur. 6. AEneid'. Virgil.

Toy, en tout tempe les peuples renge
& tien:
Peuple Romain deſſoubs l'Empire tien
Voila ton art, & fais ſous ta puiſſance
Qu'aux loix de Paix on porte obeiſ-
ſance

Sois pitoyable aux humbles & petis,
Et les superbes a force assubiectiz.

De telle façon l'intention des Astrologues est souuent bien loin de ce qui aduient, & alors ilz y tirent & accõmodent leurs predictions s'il est possible. Telz sont selon S. Hierosme, Epist. ad Paulin. cap. vj. Les carmes d'Homere & de Virgille rapportez a nostre Seigneur IESVS-Christ.

SEC. XX.

Il n'y a doubte que les predictions de l'Astrologie iudiciaire aduiennent aucunesfois pour-ce qu'elles sont farcies de superstitieuses obseruations, & de Diabolicque imposture, car ainsi que le Diable est principal autheur de ceste pretendue science, aussi il esmeut celuy à predire cela qu'il sçait, qui aduiendra, pour attirer

attirer & ſeduire l'homme legier à croire ce qu'il luy plaira, & a craindre autre que Dieu. Qui plus eſt, ceulx qui ont eſté ingnesà predire les choſes futures ont eu manifeſte, ou occulte cōfederation auec l'eſprit maling qu'ilz ſe ſeront rendu familier a preſager les aduentures occultes. Car le Diable leur predict ce qu'il fera, ou ce qu il coniecture deuoir eſtre faict. Telz ont eſté Zoroaſtes, Nigidius, & ſemblables, qui communement onmiſerablemẽt pery. Et de la Manilius, Firmicus, Ptolomée, Cardan & ſemblables ont deſroré vne grande partie de leurs pedictions, & non de la vraye & pure Aſtrologie.

SEC. XXI.

Apres lon predict les aduentures, par l'vsage de prudéce, par experience, par le temperament affection, amytié, constance, & par l'ordre de l'estat, present, & passé, & le conferant auec l'aduenir. Or les Astrologues iudiciaires en cecy fort experimentez predisent par là les choses futures, mieux que par les Astres: car que ces moyés de predire les choses futures leur soyent ostés, toute leur Astrologie artificielle sera muette, ou mensongere. Hannibal ayant diligemment espié que Terence Varo, chef de l'armée Romaine estoit temeraire & sans experience, predist asseurement la deffaicte des Romains, sans aucune Astrologie.

SEC. XXII.

Finablement, la credulité ou craincte des hommes faict bien

ſouuent aduenir, ce qui a eſté predict : car nous pourſuyuons ardemment, & cerchons occaſion d'obtenir ce que nous croyons & deſirons. Au contraire, ce que nous craignõs eſt tellement poſtpoſé, ou redouté que nous ne nous efforçons point de l'obtenir. A ce propos, Tite Liue raconte que les Augures trouuerent l'expedition des Romains treſmal fortunée : mais ne le dirent aux genſdarmes Romains, ains qu'ilz remporteroiẽt victoire aſſeurement, ſ'ilz ne perdoiẽt point courage. Eux memoratifz de ce, apres long & hazardeux conflict obtindrent victoire. A l'oppoſite Nicias, chef des nauires d'Athenes eſpouuanté d'vne Eclypſe de Lune, tomba entre les mains de ſes ennemys :

parquoy l'effect des predictions futures ne vient des Astres, ains de plusieurs autres causes.

SEC. XXIII.

De ce il est manifeste qu'il y a double Astrologie: l'une Phisique, l'autre Imaginaire. La vraye, contemple la grandeur, mouuemẽt, lumiere, leuer, coucher, coniunction, & esleuation des Astres. Secondement, elle traicte des generations, corruptions, alterations, de l'hyuer, esté, Prin-temps, & Automne, du chaut, du froid, des saisons, & maladies, des vens, pluyes, & neiges selon qu'elles dependent des quatre qualitez premieres: c'est aeauoir, chaut, froid, sec & humide. Apres elle attribue son effect directemẽt sur les actions du corps, & purement animales.

Et ne traicte de celles de l'ame qu'indirectement August. lib. 5. de Ciuit. cap. 6. Damascen. lib 2. cap. 7. Finablemét elle predict les effectz latens es causes naturelles, qui se peuuent demonstrer euidemment plus tost en general qu'en particulier.

SEC. XXIIII.

L'Astrologie mensongere enseigne l'influence Lunaire faire les folz. Celle de Venus, les lubriques: Mars, les furieux & cruelz. Capricorne, destruit les Royaumes. Andromeda, qui se leua en la 12. partie des Poissons cause les exilz, prisons & captiuitez. Orion, fait les chasseurs, Canopus, les pescheurs. Medusée ameine la mort subite. Secondement, elle dispose aussi bien de l'ame, de la felicité, de la vertu, de l'eſtat politique, & du vice, omme des actions animales. Aptes, elle traicte des effectz, dont ne peult eſtre faicte naturelle demonſtration. Finablemēt elle traicte des cas & aduentures qui vnicquement & librement dependent des volontez qui ne ſont congneuës qu'a Dieu, & a ceulx auſquelz il veut reueler.

SEC. XXV

Ioā. bap carel. us epiſtola ad duc. parmīn ante Ephemer.

Ceſte Aſtrologie artificielle ſe vante que la congnoiſſance des choſes futures eſt commune a Dieu & aux hōmes: qu'elle faict trouuer en ſongeant le iour du iugement, qu'elle dōne le moyen & cōmodité de batailler, & bien gouuerner l'Egliſe: tellement que les Anciens ont grandemēt manqué aux guerres, & gouuernement Eccleſiaſtics. en ne tenant point les reigles de l'Astrologie artificielle. Il y a toutesfois quelques choses belles en l'Astrologie artificielle, comme le sextil aspect, contenant la sixiesme partie du Zodiaque en soixãte degrez par deux signes. Le quadrin aspect, contenant trois signes de 90. degrez, qui sont la 4. partie du Zodiaque. Le trin aspect de 4. signes, contenans 120. degrez, qui sont la 3. partie du Zodiaque. L'oposite aspect, quand six signes sont distans par 180. degrez, la cõiunctiõ quãd ilz sont ensemble : mais il n'est du tout certain qu'ilz ayent la vertu qu'ilz babillẽt & monstrẽt par signes bons. mauuais. Aussi n'est-il du tout certain ce qu'ilz mettent en auant de la & du Dragon, & des aultres corps celeſtes.

SEC. XXIIII.

D'auantage, poſé le cas que
Saturn. Saturne, dict Phenon, ſoit froid
Iupiter & ſec. Phetõ, chaud & humide.
Mars. Pyrois, chaud & ſec. Elyos,
Sol. chaud & ſec. Phoſyphoros, froi-
Venus. de & humide. Stilbon, meſlé.
Mercu. Cynthia, froide & humide. Il ne
Luna. s'enſuyura pas toutes-fois les ef-
fectz que leur Aſtrologie ymagine. Autant eſt-il de la vertu, qualité, & ſituatiõ des douze ſignes comme on a ſuppoſé qu'Aries ſoit embraſé, chaud, ſec, maſculin, iournal, ſeptentriõnal, vegetatif, & le cœur de la terre Orientalle : ſi eſt-ce, qu'il n'aura ces merueilleux & prodigieux effectz & fortunes que ſonge l'Aſtrologie iudiciaire, & autant faut-il dire des autres ſi-

gnes.

SEC. XXVII.

Les Aſtrologues alleguent que les Medecins obſeruent l'heure & le temps de bailler potion, & de ſaigner. Et qu'ilz obſeruent certains & determinez iours critiques, par leſquels ilz definiſſent de l'eſtat du patient, ſelon les reigles Aſtronomiques. Nous diſons que la criſie des Medecins ſur les malades, vient de la ſaiſon & qualité du temps cõmune & generalle, côme Prin-temps, ou Automne, comme la nuict & le matin. Vient ſecondement de la qualité des humeurs, aguz, ſubtille, ou craſſe & cõglutinée. Vient en apres, de la nature du mal, & du cours. Finablement de la quantité des humeurs peccans, & du temperamment indiuiduel, & non des Aſtres, deſ-quelz,ſi nous ſuyuons les reigles Aſtronomiques,nous ferõs mourir, ou mettrons en treſ-grand danger la plus-part des malades, comme l'experience nous fera bien foy. Si lon ne remedie ſubitement au poizon & venin, ſ'en eſt faict, quelque proſpere aſpect que donne le Ciel, ſi ſubitement la Peſte n'eſt medicamentee, dedans douze heures tout le corps eſt infect, malgré tous les ſignes du Ciel. SEC. XXVIII.

Ilz mettent en auant, que les enfans du huictieſme mois ne viennent pas a viure, à cauſe que le cruel ſongeart Saturne regne *Reſ.* Ilz diſent choſes ſemblables d'vn chaſcun Aſtre, & ſigne cœleſte, mais ilz n'en ſont aucune demonſtration, & ne conſiderẽt pas que telz effectz viennent d'-

autres causes, que de celles qu'ilz mettent en auant. Et ceste-cy seruira d'exemple aux autres. Donc premierement il faut noter selon Galein, Polibius, Aristote & Pline, que toutes femelles ont vng temps esgallement prefix de porter le fruict de leur ventre. Fors la féme, en laquelle, à cause de l'excellence de son temperament, le temps n'est pas si exactement determiné. Et de ceste diuersité d'enfanter, vient le peril en certains mois. Secondement, que l'enfantement de l'huictiesme mois soit difficile & dangereux. Hippocrates en donne raison, sans songer en Saturne, disant l'enfantemēt octimestre est perilleux, car l'enfant est debile, & destitué, comme par violēce de ses forces naturelles.

Ce qui aduient a cause que le 7. mois, l'enfant est parfaict & cõsommé de tous ses membres & parties distinctement. Or aucunes-fois apres le 7. mois, il commance à se desplaire & ennuyer de son lieu, singulierement s'il n'est la bien nourry, & si le petit cœur trop eschauffé n'est assez rafraischi. Alors il se remue, & agite du costé de la partïe ner ueuze & veneuse pour se desueloper. Dont il pert toute sa force, & les enuelopemens & doux liens de nature violentés, il naist au grand peril de sa propre vie, & non pour le regne de Phenon Aussi en tous mois il y ha certains enfans, & certaines meres, qui sont en peril de leur vie d'ailleurs que des Astres.

SEC. XXIX.

Finalement, ilz alleguent que la Lune domine ſur les choſes humides, comme moüelles, cerueau, les mois femenins , & la Mer, que nous voyons croiſtre ou deſcroiſtre,ſelon le cours Lunaire Parquoy l'Aſtrologie iudiciai.re n'eſt ſans raiſon en ſes effectz tãt euidens au cours Lunaire . *Reſ.* Nous ne faiſons doute qu,il y ha ſympatïe entre les corp sceleſtes, & elementez aux conſiſtances & actions Phyſicques. Nous tenons ſen blablement certain que les corps elementez ſ'accommodent aux celeſtes, ſelon leur temperament, le plus doucement & cõmodéement que faire ce peut, pour l'l'entretien de ceſt vniuers, mais que de la lon infere ceſtuy fol, l'autre furieux, l'vn meurdrier, l'autre Religieux, l'vn Prophete, l'autre damné, ou traiſtre. Ceſtuy noyé, ceſtuy la brigand: c'eſt abus plein de menſonge & impieté, parquoy l'argumēt prins des actions Phiſicques de la Lune ſur les choſes froides & humides, ne faict rien pour les fatalles deſtinez que l'Aſtrologie iudiciaire à inuētez: car l'vn eſt ordinaire, euident, commun, & naturel: l'autre eſt incertain, occulte, particulier, & imaginaire plein d'impieté & ſuperſtition.

SEC. XXX.

Secondement, toute l'action que la Lune a ſur les choſes humides, n'eſt que partiale par l'acces ou reculement de ſa lumiere, qui coopere aux choſes humides ſelon qu'elles luy ſont obtemperez & proportionnez. Et par ce,lon n'en peut tirer demõ-ſtration, qu'apres auoir congneu l'vne & l'autre cauſe. Et pour-ce, les moüelles, cerueaux, mois, feminins & Mers, ont diuers & peculiers accroiſſemens, periodes, & decroiſſemens, ſelon la qualité, quantité, lieu, temperamment, & ſaiſon des humeurs fluides, qui ſe moderent & accommodent autant que faire ce peut, au mouuement & lumiere Lunaire, les vnes plus, & plus toſt, & les autres moins, & plus tard, ſelon leurs particulieres cõſiſtance, qui determinent chaſcune en ſon endroict diuerſement. L'vniforme & de ſoy eſgalement commune influence Lunaire.

SEC. XXXI.

De cela vient que le cours & les iours des fleurs femenines, ſelon Ariſtote, ne ſont eſgalles en toutes fēmes, & ne ſuyuent pas touſiours le cours Lunaire. Autant eſt-il du diuers accroiſſement, cours, periode & decroiſſement du cerueau & moüelles. Donc la Lune n'en eſt cauſe totale, ains ſeulement cauſe partialle, generalle, & de ſoy indeterminée, de laquelle l'action eſt determinée & miſe a effect, ſçelon la proportion qui eſt entre la vertu Lunaire & le temperamēt particulier d'vne chaſcune choſe humide.

SEC. XXXII.

De cecy on peut ſçauoir d'ou eſt le diuers flux & reflux de la Mer. Premierement, il prouient du diuers tēperamēt des eaux, leſquelles d'autant plus ſuyuent le cours Lunaire, que leur parti-

particulier temperamment y eſt proportionné. De la vient qu'il y ha aucunes Mers, qui ne fluent point. Les autres ont vn mouuement particulier, vne meſme Mer à quelquefois diuers mouuemés. L'vne, deux fois fluſt en 24. heures, comme noſtre Occean: L'autre ſept fois en vingtquatre heures, comme la Mer dicte Euripus. Secondement, le fluz vient à cauſe que l'eau eſt vng corps non ſolide, & de ſoy mobile ſelon ſa quantité, qualité, lieu, figure & agitations externes: cõme vens, exalations, gouffres, riuieres, fontaines, abyſmes, caps de terre, iſles, canaulx, deſtroictz, regions & faiſons ſelon la nature, deſquelles choſes ſont determinées diuerſemét en particulier les influances & actions Lunaires, de soy autrement esgalles & communes. La Lune dõc age es choses humides, mais en general & esgallemẽt de soy, car la diuersité & particularité de ses actes, vient des causes inferieures & de leur diuerse nature.

SEC. XXXIII.

La Mer reçoit continuellemẽt toutes les eaux, & n'en regorge point. Les fleuues sont doulx, & la Mer est sallée. Les eaux retournent de la Mer à leurs sources, pour de rechef se descharger en la Mer. La Mer ne sort ses limites sablonneux, car tout cela vient de la main de Dieu, qui ha faict ses œuures merueilleux, pour estre glorifié de nous & pour nous exercer à lire au

Or la Mer ne se remplist point excessiuement, premieremẽt par l'ordõnance de Dieu, qui l'a ainsi voulu. Secondement, à cause de la capacité de son lieu. Troisiesmement, à cause que les Astres attirent à eulx continuellement les eaux qu'ilz nous reiectent, apres les auoir viuifiées, adoulcies, humectées, & enfroidies pour en fœcunder la terre, & les animaux. Quatriesmement, pour-ce qu'il y ha des cõduicts diuers & occultes es abysmes, & en la terre par ou l'eau s'escoulle, se purge, & esuacuë, pour de rechef estre source de Fontaine & de fleuue. Et ainsi les eaux de la Mer retournent à leur lieu, pour faire de rechef ce qui se faict aussi par le moyen des Astres, qui nous rendent ce qu'elles auoyent tiré. Et attendue que cest ordre est iuste & bien compassé par mutation alternatiues : c'est pour-quoy la Mer ne sort point ses bornes sablonneuses. SEC. XXXIIII.

Quand à l'amertume & saleure de la Mer, elle vient, que toute chose humide eschauffée, non cuicte, & cruë, deuiēt salée & amere par son agitation, chaleur, & mouuement. L'experience nous apprend cecy, car en la sueur & vrine ou buée, la chaleur ne surmonte pas l'humidité, dont elles sont salées & ameres. Ainsi est-il de la Mer, que si la chaleur ha surmonté l'humidité, comme es cendres, & en la terre bruſlée, elle ſera plus ſallée qu'amere. Au contraire, ſi l'humidité & froideur domine ſans chaleur extrinſecque, comme es ſources & fleuues, l'eau ſera doulce. La Mer eſt auſſi ſallée, à cauſe que les Poiſſons & animaux qui ſont en la Mer tirent à eux ce qui eſt doulx, laiſſant ce qui eſt amer & ſallé, Semblablement, les Aſtres tirent a eulx & ſeparent es eaux marines ce qui eſt le plus legier & le plus doulx, laiſſant ce qui eſt viſqueux, amer & ſallé, dont la Mer eſt rendue fort ſallée & amere. Au contraire, elle eſt adoucie par les eaux douces, qui ſ'y deſchargent, & non par aucunes influence d'Aſtrologie iudiciaire, laquelle deſtruict autant la gloire de Dieu en l'administration de cest vniuers, que la vraye Astrologie le monstre admirable, & vnicque Autheur de toutes choses, tres-bon & tressage : Auquel en tout lieu, & de tous soit gloire & honneur.

AMEN.

FIN

Acheué d'Imprimer, le 15. Nouembre 1578.

Fautes suruenues à l'Impreßion.

Page 32. ligne 18.
Les Prophetes qui vouloyent,
Lis, Les Prophetes vouloyent.

Page 49. ligne 19.
admirables, Lis Admirable.

Page 90. ligne 14.
promettoyent, lis permettoyent.

Page 108 ligne 21.
espres-que, lis presque.

Page 122. ligne 2.
predictipn, lis prediction.

Page 130. ligne 3.
Leonitius, lis Leouitius.

Page 133, ligne 5.
Euthinius, lis, Euthimius.

Page 157. ligne 11.
de venerat, lis de generat,

Page 160. ligne 6.
est-ce pue, lis est ce-que,

Page 175, ligne 12.
exaltations, lis, exalations.

Page 204. ligne 7.
Alchinduus, lis Alehindnus.
Page 255. ligne 21
Mitsranin, lis Mitsraiim.

www.ingramcontent.com/pod-product-compliance
Ingram Content Group UK Ltd.
Pitfield, Milton Keynes, MK11 3LW, UK
UKHW012156240726
13966UKWH00002B/373